essentials

essentials liefern aktuelles Wissen in konzentrierter Form. Die Essenz dessen, worauf es als „State-of-the-Art" in der gegenwärtigen Fachdiskussion oder in der Praxis ankommt. *essentials* informieren schnell, unkompliziert und verständlich

- als Einführung in ein aktuelles Thema aus Ihrem Fachgebiet
- als Einstieg in ein für Sie noch unbekanntes Themenfeld
- als Einblick, um zum Thema mitreden zu können

Die Bücher in elektronischer und gedruckter Form bringen das Fachwissen von Springerautorinnen kompakt zur Darstellung. Sie sind besonders für die Nutzung als eBook auf Tablet-PCs, eBook-Readern und Smartphones geeignet. *essentials* sind Wissensbausteine aus den Wirtschafts-, Sozial- und Geisteswissenschaften, aus Technik und Naturwissenschaften sowie aus Medizin, Psychologie und Gesundheitsberufen. Von renommierten Autorinnen aller Springer-Verlagsmarken.

Patric U. B. Vogel

Abweichungsmanagement in der pharmazeutischen Industrie

 **Springer** Spektrum

Patric U. B. Vogel
Cuxhaven, Niedersachsen, Deutschland

ISSN 2197-6708   ISSN 2197-6716 (electronic)
essentials
ISBN 978-3-662-66891-7   ISBN 978-3-662-66892-4 (eBook)
https://doi.org/10.1007/978-3-662-66892-4

Die Deutsche Nationalbibliothek verzeichnet diese Publikation in der Deutschen Nationalbibliografie; detaillierte bibliografische Daten sind im Internet über http://dnb.d-nb.de abrufbar.

Planung/Lektorat: Stefanie Wolf
Springer Spektrum ist ein Imprint der eingetragenen Gesellschaft Springer-Verlag GmbH, DE und ist ein Teil von Springer Nature.
Die Anschrift der Gesellschaft ist: Heidelberger Platz 3, 14197 Berlin, Germany

Was Sie in diesem *essential* finden können

- Eine Einführung in das Abweichungsmanagement
- Eine kurze Darstellung des Ablaufs der Abweichungsbearbeitung
- Beispiele für Abweichungen in verschiedenen Bereichen inklusive Herstellung, Qualitätskontrolle und Lagerung
- Eine Darstellung von Ursachen- und Risikoanalysen
- Ansätze für die Analyse von Kennzahlen und ein kontinuierliches Monitoring

Inhaltsverzeichnis

Abweichungsmanagement: Allgemeine Aspekte

1

1.1 Stellung im Qualitätssicherungssystem und Kernelemente

In diesem *essential* wird das **Abweichungsmanagement** vorgestellt. Darunter versteht man ein Verfahren, wie bei auftretenden **Abweichungen** vorgegangen wird. Abweichungen sind Vorfälle, in denen unabsichtlich gegen festgelegte Vorgaben bzw. **Arbeitsanweisungen** verstoßen wird (Schniepp und Lynn 2021). Das kann in allen regulierten Bereichen passieren, d. h. in der Fertigung, Prüfung, Lagerung oder dem Transport von Produkten. Zum besseren Verständnis nehmen wir ein Alltagsbeispiel. Nehmen wir an, dass wir für unser Kinder ein Doppelbett kaufen und aufbauen möchten. Im Paket befinden sich die einzelnen Bauteile, Schrauben, Inbusschlüssel, eine Bauanleitung etc., d. h. wir benötigen kein zusätzliches Werkzeug. Unser „Prozess" ist in diesem Fall das Aufbauen des Doppelbetts anhand der Aufbauanleitung unter Verwendung des vorhandenen Materials und der Hilfsmittel. Sofern wir das Doppelbett vollständig ohne Zwischenfall aufbauen können, liegt keine Abweichung vor. Stellen wir jedoch beim Befestigen des oberen Bettkastens an den Trägern fest, dass die notwendigen Schrauben im Paket fehlen, liegt eine Abweichung vor, da der Aufbau nicht wie in der Anleitung beschrieben durchführbar ist. Wir können den Aufbau vielleicht durch eine **Sofortmaßnahme** (Maßnahmen sind in Kap. 3 beschrieben) wie die Verwendung anderer Schrauben kompensieren, trotzdem lief der Aufbau abweichend von den Vorgaben. Abweichungen weisen zum einen auf Fehlerquellen hin, die behoben werden sollten. Ferner können sie sich, ganz gleich in welchem Prozessschritt sie auftreten, potenziell negativ auf die **Produktqualität** auswirken und müssen daher adäquat behandelt und bewertet werden. In

P. U. B. Vogel, *Abweichungsmanagement in der pharmazeutischen Industrie*, essentials, https://doi.org/10.1007/978-3-662-66892-4_1

diesem *essential* werden anhand einfacher Beispiele die folgenden Aspekte des Abweichungsmanagements erklärt:

- Begriffsdefinition
- Papierbasierte vs. elektronische Systeme
- Beschreibung von Abweichungen
- Klassifizierung von Abweichungen
- Ursachenanalyse
- Risikobewertung
- Festlegung von Maßnahmen
- Tracking von Maßnahmen und Effektivitätsprüfungen
- Trending von Abweichungen

Das **Abweichungsmanagement** ist Teil eines bei Herstellern vorhandenen **pharmazeutischen Qualitätssystems** (ICH 2005), welches die Sicherstellung der Produktqualität von Arzneimitteln zur Aufgabe hat. Das Abweichungsmanagement ist für alle Fachabteilungen relevant, die den Vorgaben der **Guten Herstellungspraxis** (GMP) unterliegen, wie z. B. die Produktion oder die Qualitätskontrolle (es gibt z. B. auch Bereiche/Abteilungen, auf die die Regeln nicht zutreffen, wie z. B. das Marketing). Diese GMP-Regularien haben sich seit Mitte des 20. Jahrhundert immer weiterentwickelt (Waldron 2018) und sind in Form von EU-Direktiven, nationalen Gesetzen, Verordnungen sowie Richtlinien von internationalen Organisationen verankert (Vogel 2021). Unter Qualitätsmanagement versteht man die Gesamtheit aller Maßnahmen zur Sicherstellung, dass Arzneimittel für den vorgesehenen Gebrauch die erforderliche Qualität aufweisen (BMG 2020). Diese „Gesamtheit aller Maßnahmen" ist in Form von zahlreichen Qualitätsprozessen oder -systemen etabliert. Es gibt verschiedene **Qualitätssysteme** innerhalb einer Firma, die bestimmte Teilaspekte behandeln und in der Verantwortung von unterschiedlichen Fachabteilungen/-gruppen liegen (Abb. 1.1). Einige davon bauen aufeinander auf, andere dienen als „Begleitsysteme" zur Aufrechterhaltung des Status oder kontrollieren wiederum die Einhaltung anderer Systeme. Das Abweichungsmanagement stellt ebenfalls ein einzelnes Qualitätssystem innerhalb der Firma dar.

Zur Verdeutlichung der Beziehungen verschiedener Systeme bzw. **Qualitätssysteme** nehmen wir als einfaches Beispiel eine analytische Methode zur Bestimmung einer Eigenschaft des Endprodukts. Die Durchführung der Methode ist in einer **Standard-Arbeitsanweisung (SOP)** beschrieben. Dabei handelt es sich um ein Dokument von vielleicht 10 Seiten mit zusätzlichen Anlagen, die alle Aspekte beschreibt, die für die Durchführung der Methode notwendig sind. Diese

Abb. 1.1 Übersicht über bestimmte Qualitätssysteme/-prozesse, die die zuverlässige Herstellung von Arzneimittel unterstützen

Methoden-SOP ist wiederum an Vorgaben gebunden. Hierzu gibt es meist eine „höhere" SOP, die die zu verwendenden Vorlage-Dokumente samt Layout und Inhaltsstruktur für die Erstellung von SOPs festlegt, sowie Vorgaben zur Kontrolle verschiedener Versionen von Dokumenten und deren Archivierungsorten und -fristen enthält. Diese Vorgaben sind z. B. Teil des **Dokumentenmanagementsystems** der Firma. Das einfache Erstellen einer SOP zur Durchführung einer Methode reicht aber nicht aus, um sicherzustellen, dass die Ergebnisse vertrauenswürdig sind. Zum einen muss das Material (z. B. Verbrauchsmaterial und

Reagenzien), das für die Durchführung der Methode benötigt wird, eine ausreichende Qualität besitzen. Selbst die teuersten und qualitativ hochwertigsten Materialien dürfen auch nicht einfach so bestellt werden. Der Hersteller/Lieferant muss überprüft werden. Das nennt sich **Lieferantenqualifizierung.** Diese erfolgt ebenfalls nach einer SOP und beinhaltet z. B. die Prüfung des Qualitätssystems des Lieferanten, d. h. welche Akkreditierung vorliegt und ob z. B. Zertifikate für das Material verfügbar sind, usw. Die Lieferantenqualifizierung ist somit ein Qualitätssystem, welches sehr früh ansetzt. Jedes Material erhält intern eine Spezifikation (= Anforderung an die Qualität), mit der jede Lieferung des Materials/Reagenzien auf Eignung geprüft wird (Vogel 2020a). Die Festlegung von Spezifikation und der Eingangstestung ist ebenfalls in einer SOP beschrieben. Daneben werden für die Durchführung einer Methode ein oder mehrere Geräte benötigt. Die Eignung der Geräte wird vor Verwendung durch ein weiteres System, die sog. **Gerätequalifizierung,** überprüft und bestätigt. Weiterhin müssen dann die durchführenden Mitarbeiter in der Anwendung der Geräte, aber auch in der Durchführung der Methode geschult werden. Die Schulungen sind Teil der **Mitarbeiterqualifizierung,** welches ein weiteres System darstellt. Letztlich muss die Methode dann auch validiert werden, d. h. die Zuverlässigkeit der Ergebnisse im Rahmen einer **Methodenvalidierung** nachgewiesen werden (Vogel 2020b). Die Systeme Lieferantenqualifizierung, Gerätequalifizierung, Mitarbeiterqualifizierung und Methodenvalidierung bauen aufeinander auf.

Zudem gibt es weitere „begleitende" **Qualitätssysteme,** die im sog. **Lebenszyklus** einer Methode wichtig sind. Z. B. könnte sich nach einiger Zeit herausstellen, dass eine Änderung in der Durchführung der Methode notwendig ist, z. B. dass das Mischungsverhältnis bei der Vorbereitung der Probe geändert werden soll, da dies z. B. die Variabilität der Einzelmessungen weiter reduziert (ein anderer Grund könnte z. B. eine Kostenreduktion sein). Diese Änderung darf nicht ohne weiteres umgesetzt werden, da dies Auswirkungen auf den validen Zustand haben könnte. Hierfür steht dann das Qualitätssystem der **Änderungskontrolle** zur Verfügung. Im Rahmen dieses Verfahrens wird die Änderung beschrieben, begründet und dass damit verbundene Risiko eingeschätzt, inklusive der regulatorischen Bedeutung (betrifft die Änderung einen Aspekt, der in den Zulassungsunterlagen des Produkts hinterlegt ist?) durch die pharmazeutisch verantwortlichen Personen (FDA 2006). Sofern bei der Bearbeitung ein mögliches Risiko festgehalten wird, werden Maßnahmen definiert wie z. B. eine Revalidierung, um auszuschließen, dass die Änderung der Methode ungewollt zu fehlerhaften Ergebnissen führt (BMG 2015). Über diese Systeme lässt sich die Validität der Methoden über einen langen Zeitraum sicherstellen, doch es gibt auch Fälle, in denen die Umsetzung der eigenen SOP-Vorgaben in

Einzelfällen versäumt wird. Zur Erkennung solcher Fehler dienen dann z. B. weitere interne Qualitätssysteme wie die **Selbstinspektion,** bei der Mitarbeiter aus anderen Bereichen in bestimmten Intervallen die Einhaltung der Vorgaben überprüfen. Ein Selbstinspektionswesen ist eine GMP-Grundanforderung und sollte immer vorhanden sein (Blasius 2015; EC 2021). Die Inhalte der periodischen Selbstinspektion werden vom Auditoren-Team festgelegt. Sofern die Überprüfung anhand dieser SOP stattfindet, könnte z. B. die SOP herangezogen werden und anhand der Änderungshistorie (jede Änderung an einem gültigen Dokument muss chronologisch mit Datum, z. B. in tabellarischer Form, im Dokument aufgelistet werden) überprüft werden, ob zu dieser Änderung der Methode dann auch ein Änderungskontrollverfahren existiert. Genauso stellt auch das **Abweichungsmanagement** ein Qualitätssystem mit einer bestimmten Aufgabe dar, was den Schwerpunkt dieses *essentials* bildet und in den folgenden Kapiteln genauer beschrieben wird. Die übrigen in Abb. 1.1 dargestellten und in diesem Beispiel nicht erwähnte Systeme werden in späteren Kapiteln kurz erklärt.

Die einzelnen Stufen bei der Bearbeitung von **Abweichungen** werden detailliert in Kap. 2 dargestellt. Allerdings hilft vielleicht diese Kurzzusammenfassung den Überblick zu behalten. Beim **Abweichungsmanagement** handelt es sich um festgelegte Prozeduren oder Verfahren zur Behandlung von sog. Abweichungen. Diese Prozedur wird gewöhnlich wie oben beschrieben selbst in einer schriftlichen **Standard-Arbeitsanweisung** (engl. Standard Operating Procedure, SOP) vorgegeben (Power 2020). Es gibt verschiedenen Ausgestaltungsformen, d. h. es finden sich unterschiedliche Ansätze, die sich in Aspekten wie der Dokumentationsform und -umfang, den Zuständigkeiten für bestimmte Teilschritte der Bearbeitung, den gewähltem Medium (papierbasiert vs. elektronisch), Nummerierungssystemen zur Identifikation von einzelnen Vorgängen, Zeitvorgaben für die Bearbeitung, gewählte Methoden zur **Ursachenanalyse** etc. unterscheiden. Allerdings sollten sich in jedem Abweichungsmangement-System verschiedene Mindestaspekte finden. Die Dokumentation von Tätigkeiten im **GMP-Umfeld** hat eine zentrale Bedeutung (Patel und Chokai 2011). Bei Abweichungen gehört die genaue Dokumentation des Ereignisses (was ist wo, wann, wie und wem passiert) sowie eine Bewertung des möglichen Einflusses auf die **Produktqualität** zu diesen Mindestanforderungen. Nach der Beschreibung werden Abweichungen dazu üblicherweise in einem **Klassifizierungssystem** in geringfügig (minor), schwerwiegend (major) und kritisch (critical) eingestuft. Die Bewertung des Einflusses der Abweichung auf die Produktqualität erfolgt über sog. **Risikoanalysen** oder -bewertungen. Zusätzlich muss auch die Ursache, d. h. warum es zu der Abweichung gekommen ist, geklärt werden. Durch die Kenntnis der Ursache besteht die Möglichkeit, ein mögliches zukünftig erneutes Auftreten durch sog. **Maßnahmen**

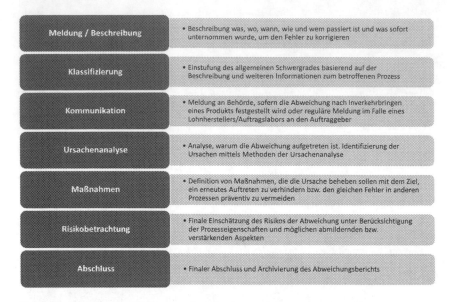

Abb. 1.2   Stufen bei der Dokumentation, Analyse und Bewertung einer Abweichung

zu vermeiden. Die Umsetzung dieser Maßnahmen (z. B. Schulung des Personals) wird nachverfolgt und im Anschluss die Effektivität der Maßnahmen überprüft. Weiterhin ermöglicht ein ganzheitliches, bereichsübergreifendes **Trending** einen Überblick über den Zustand der internen Prozesse zu gewinnen sowie Kennzahlen zu ermitteln, anhand derer sich die Einhaltung der etablierten Prozesse bewerten lässt sowie z. B. Problemfelder erkannt werden können.

Die Bearbeitung einer Abweichung erfolgt grob nach folgendem Schema (Abb. 1.2).

1.2   Qualitätsbewusstsein und gewähltes System

Bevor wir die einzelnen Stufen bei der Bearbeitung von **Abweichungen** kennenlernen, muss eine wichtige Grundvoraussetzung erwähnt werden. Wichtig für einen vollständigen, transparenten und korrekten Umgang mit Abweichungen ist die „richtige Denkweise" der Mitarbeiter in den verschiedenen Fachabteilungen über alle Ebenen, von den durchführenden Operatoren bis zum höheren Management. Eine **Standard-Arbeitanweisungen** (SOP) für Abweichungen allein reicht nicht aus, sie muss vom Personal auch „gelebt" werden, d. h. vollständig befolgt werden. Abweichungen werden teilweise als unangenehm oder Zusatzbelastung angesehen, da sie zusätzlich zur täglichen Routine bearbeitet werden müssen und einige auch das Gefühl entwickeln können, bei Fehlern schlechter vom Vorgesetzten bewertet zu werden. Eine qualitätsorientierte Denkweise wird allgemein als **Qualitätsbewusstsein** bezeichnet. Dieses sollte vom Management gefördert werden, d. h. dass Mitarbeiter, die Fehler eingestehen, nicht irgendeine Art von Repressalien befürchten müssen. Das Erkennen und Melden von Abweichungen hat sogar positive Auswirkungen. Durch die kontinuierliche Ausmerzung von Fehlerquellen wird über die Zeit die **Prozesssicherheit** erhöht (Chemgineering Technology GmbH 2012).

Die Frage, in welchem Medium die Bearbeitung der **Abweichung** erfolgt, hängt von dem System ab, dass in dem jeweiligen Unternehmen etabliert ist. Grundsätzlich sind der Umgang und die Bearbeitung von Abweichungen in einer internen **Standard-Arbeitsanweisungen** geregelt. Wichtige Begrifflichkeiten und der Geltungsbereich (d. h. die Prozesse oder Abläufe, auf die das **Abweichungsmanagement** angewendet werden) sollten definiert sein und der schrittweise Ablauf bis zum Abschluss inklusive der Aufgaben der einzelnen beteiligten Gruppen bzw. der Funktionsträger festgelegt sein. Die konkrete Bearbeitung/Durchführung, also die schriftliche Ausformulierung der Abweichung und die weiteren, in diesem Kapitel beschriebenen Elemente (z. B. Klassifizierung, Ursachen- und Risikoanalyse, siehe folgende Kapitel), können z. B. entweder auf Papierform durch Verwendung von den bereits zuvor erwähnten **Formblättern,** also Anlagen der **SOP,** oder elektronisch erstellt werden. **Elektronische Lösungen** sind spezielle Softwares, die den Bearbeiter in den jeweiligen Benutzeroberflächen standardisiert Textfelder und Auswahlmoglichkeiten anbieten. Der Anwender kann die Felder editieren und so alle notwendigen Informationen eintragen. Der Abschluss der einzelnen Phasen erfolgt mit einer elektronischen Unterschrift, gefolgt von der automatischen Zuweisung des Vorgangs an den nächsten Bearbeiter (z. B. an den Prüfer). Die Benutzerrechte sind hier definiert, d. h. nicht alle Mitarbeiter haben Zugriff, bestimmte Personen dürfen nur neue Vorgänge auslösen und die Beschreibung erstellen, andere sind als Prüfer oder Genehmiger hinterlegt, teils andere wieder als Spezialisten, die eine **Ursachen- und Risikoanalyse** in dem System durchführen dürfen, etc. Elektronische Systeme für die Administration und Bearbeitung von Abweichungen bieten viele Vorteile. Diese standardisieren die einzelnen Bearbeitungsschritte, beschleunigen Einzelschritte durch Wegfall des Transports von Dokumenten zwischen den Gebäuden oder Standorten, erhöhen die Transparenz

(Einsicht für Personen von anderen Standorten möglich, sofern die entsprechenden Nutzerrechte vorliegen) und befähigen den zuständigen Mitarbeiter der **Qualitätssicherung,** relativ einfach per Mausklick Übersichten zu erstellen zu Vorgängen, die bestimmte festgelegte Suchkriterien erfüllen (z. B. alle Abweichungen, die bei in einem bestimmten Zeitraum auftraten, alle Abweichungen eine bestimmte Charge betreffend, alle Abweichungen, die mit bestimmten Validierungsaktivitäten zusammenhängen). Es lassen sich je nach Software-Modul auch automatisch Kennzahlen berechnen und darstellen. Das spart viel Zeit gegenüber dem **papierbasierten System,** bei dem diese Informationen separat zusammengestellt werden müssen, ist aber mit höheren Kosten verbunden, da die Lizenzen für die Nutzung der Software i. d. R. kostspielig sind. Aus diesem Grund finden sich bei größeren Unternehmen häufig elektronische Systeme, bei kleineren Unternehmen dahingegen tendenziell die papierbasierten Systeme.

Abweichungsmanagement: Komponenten, Ablauf und Beispiele

2.1 Meldung und Beschreibung der Abweichung

Bevor eine **Abweichung** gemäß der internen **SOP** dokumentiert, untersucht und bewertet werden kann, muss diese zunächst erkannt werden. Es gibt viele Beispiele, bei denen Abweichungen offensichtlich sind. Das Fehlen von wichtigen Hilfsmaterial, das für die Durchführung benötigt wird und gemäß Anweisung vorhanden sein sollte, eine offensichtliche tropfende Leckage, also das Austreten von Flüssigkeit aus geschlossenen Systemen, der Ausfall von Produktionsanlagen, das Fehlen der **Dokumentation,** ein auslösender Alarm von temperaturkontrollierten Objekten, usw. Andere Abweichungen sind weniger offensichtlich, z. B. das Versäumen einer schriftlichen Eintragung in der Dokumentation, die in der Hektik zudem vom Arbeitsgruppenleiter, dessen Funktion die Überprüfung der Vollständigkeit der Angaben ist, übersehen wird. Solche Abweichungen werden häufig erst bei der finalen Prüfung der vollständigen **Chargendokumentation** festgestellt, entweder durch den zuständigen Fachbereich bzw. durch die Gruppe, die die **Chargenfreigabe** durch die **Qualified Person** vorbereitet. Zu den oft erst mit Zeitverzögerung erkannten Abweichungen gehören z. B. auch Eintragungsfehler (z. B. falsche Chargennr., Mengenangaben etc.) oder die Verwendung von falschen Versionen von Formblättern (Formblätter sind Vorlagen, die eine standardisierte, effiziente Dokumentation erlauben und bei jeder Durchführung wie Chargenproduktion oder analytischen Methoden der Qualitätskontrolle repetitiv ausgefüllt werden). In einigen Fällen können Abweichungen gänzlich unerkannt bleiben und werden teils zufällig durch spätere Prüfungen erkannt, z. B. im Rahmen von **Selbstinspektionen** (= regelmäßige interne Überprüfungen) oder bei **Behördeninspektionen.** Unabhängig davon, wann eine Abweichung festgestellt

P. U. B. Vogel, *Abweichungsmanagement in der pharmazeutischen Industrie*, essentials, https://doi.org/10.1007/978-3-662-66892-4_2

wird, sollte die Meldung an die **Qualitätssicherung** innerhalb eines Arbeitstages erfolgen (Kumar et al. 2020). Die Behandlung von Abweichungen über das Abweichungsmanagement ist zusätzlich nicht nur auf die Prozesse bis zum fertigen Produkt beschränkt, sondern sollte auch während der Lagerung und des Transports von Arzneimitteln angewendet werden (EC 2013).

Der Idealfall ist, dass jede **Abweichung** sofort festgestellt wird. Das gibt in Einzelfällen die Möglichkeit, direkt in den Prozess einzugreifen mit dem Ziel, die Charge noch zu „retten". Aber nicht jede Abweichung erfordert ein sofortiges Eingreifen. Alle Abweichungen, die Bezug zu einer bestimmten Charge haben, müssen beim Verwendungsentscheid, also bei der Freigabe der Charge durch die **Qualified Person** berücksichtigt werden (BMG 2017). Deswegen sind solche Abweichungen gefährlich, die erst nach der Freigabe der Charge für den Verkauf, z. B. nach Monaten, festgestellt werden. Ganz gleich, wann eine Abweichung festgestellt wird, ob sofort, im Nachgang oder sogar nach der **Chargenfreigabe,** der allgemeine Ablauf in der Bearbeitung ist immer sehr ähnlich. Das soll aber nicht bedeuten, dass der Zeitpunkt der Erkennung unwichtig ist. Die nachträgliche Erkennung einer Abweichung bedeutet meist, dass die Möglichkeit für Sofortmaßnahmen nicht mehr gegeben ist. Weiterhin müssen bei Abweichungen, die erst nach Chargenfreigabe erkannt werden, die zuständigen Behörden informiert werden, sofern ein Risiko für die **Produktqualität** oder die **Patientensicherheit** besteht, was auch zu einem Rückruf der betroffenen Charge führen kann. Zusätzlich besteht bei nachträglich erkannten Abweichungen die Gefahr, dass bereits weitere Chargen produziert wurden und der unerkannte Fehler auch hier ein Risiko für die Produktqualität darstellt. Zudem kann dies auch wirtschaftliche Konsequenzen für das Unternehmens bedeuten, aufgrund möglicher Lieferschwierigkeiten und einem Reputationsschaden, da Rückrufe von den Behörden öffentlich gemacht werden.

Sofern die **Abweichung** erkannt wurde, wird gewöhnlich im ersten Schritt der Vorgesetzte informiert und in einem Formblatt der **Abweichungs-SOP** bzw. im elektronischen System die Beschreibung erstellt. In der Regel muss auch direkt, je nach organisatorischer Struktur, entweder die **Qualitätssicherung** oder das **Qualitätsmanagement** informiert werden. Wichtig ist hierbei, dass die Informationen was, wo, wer, wie und wann enthalten sind und eine korrekte, nachvollziehbare, verständliche und vollständige Beschreibung vorliegt. Nehmen wir eine sterile Abfüllung eines flüssigen Arzneimittels in Glasvials. Jede gefertige Charge wird aus einem Mischtank unter aseptischen Bedingungen in 50.000 Glasvials abgefüllt und anschließend verschlossen. Beschreibungen wie „Während der Abfüllung ist die Abfüllanlage ausgefallen. Nach einer Standzeit von 120 min konnte der Fehler behoben werden und die Abfüllung wurde fortgesetzt" sind wenig hilfreich. Hierbei ist unklar, welche Anlage (Systeme, Geräte, Anlagen sollten immer eine eindeutige Bezeichnung zur Identifizierung haben, z. B. einen firmeninternen Nummernschlüssel) betroffen ist. Es ist auch unklar, wo die Anlage steht. Gerade bei Standorten mit mehreren Produktionseinheiten/-gebäuden oder einem Gebäude, aber mehreren Abfülleinheiten bzw. -linien ist die Angabe bis hin zur Raumnummer wichtig, um die **Abweichung** zuordnen zu können. Die Beschreibung lässt ebenfalls offen, welches Produkt abgefüllt wurde. Selten hat eine Firma nur ein Produkt. Es gibt Abfülllinien, mit denen über das Jahr nur ein Produkt abgefüllt wird, aber auch Abfülllinien, mit denen abwechselnd verschiedene Produkte abgefüllt werden. Weiterhin ist unklar, wem (z. B. Maschinenoperator, Schicht- oder Teamleiter etc.) die Abweichung passiert bzw. aufgefallen ist. Der Ersteller der Abweichung unterzeichnet zwar im Anschluss, entweder auf Papier oder mit elektronischer Unterschrift, jedoch ist der Ersteller der Abweichung nicht immer identisch mit der meldenden Person, also der Person, der die Abweichung passiert oder aufgefallen ist. Es ist denkbar, dass z. B. der Arbeitsgruppenleiter die **Abweichungsformulare** ausfüllt, damit sich sein Team auf die Durchführung der Routine-Tätigkeiten konzentrieren kann. Dazu holt sich der Arbeitsgruppenleiter das Wissen was passiert ist, sofern er nicht unmittelbar im Prozess anwesend war bzw. direkt hinzugezogen wurde, von den anwesenden Mitarbeitern.

Trotzdem bleibt es wichtig, die meldende Person zu dokumentieren, da ein „Augenzeuge" (hier der Operator, der die Maschine bedient hat) häufig ein genaueres bzw. detailreicheres Bild von den Ereignissen hat als jemand, dem es erzählt wurde (hier der Arbeitsgruppenleiter). Das ist wichtig, da bei der weiteren Bearbeitung auch Zusatzinformationen wichtig werden können, die z. B. zur Ermittlung der **Ursache** dienen (siehe Abschn. 2.3). Sofern bei der **Ursachenanalyse** u. a. die Möglichkeit als relevant erachtet wird, dass jemand kurz vorher die Einstellungen der Abfüllanlage geändert hat, kann auch der Operator befragt werden, die Information sollte sich aber auch im sog. **Audit-Trail** der Anlage finden, einer elektronischen Aufzeichnung aller Tätigkeiten mit Datum und Uhrzeitangabe am System (welcher Nutzer ist angemeldet, welches Programm wird ausgeführt, werden Änderungen wurden gemacht). Es gibt immer bestimmte Aspekte die dokumentiert vorliegen (neben dem Audit-Trail z. B. auch durch Dokumentation von besonderen Vorkommnissen in der Herstellungsdokumentation, die zur Aufzeichnung aller durchgeführten Aktivitäten dient) und unabhängig geprüft werden können und solche, die nicht dokumentiert werden (z. B., wenn der Operator kurz vor der Abweichung von einem anderen Mitarbeiter angesprochen und dadurch abgelenkt wurde). Weiterhin ist das „wann"

wichtig. Man könnte annehmen, dass die exakte Uhrzeit nicht wirklich kriegs-
entscheidend ist, allerdings lassen sich hierdurch ggfs. auch wichtige Schlüsse
ziehen. Sofern sich während der Untersuchung bei der Auswertung anderer Systeme (z. B. der Gebäudetechnik) zeigt, dass zur gleichen Zeit oder kurz vor dem
Ereignis ebenfalls Unregelmäßigkeiten vorlagen, könnte dieses Wissen für die
Ermittlung der Ursache wichtig sein.

Weiterhin gibt es viele Gründe, warum eine Anlage ausfallen kann. In der
initialen Beschreibung muss keine ausführliche **Ursachenanalyse** (sofern nicht
offensichtlich) geliefert werden, das kann zu einem späteren Zeitpunkt erfolgen
(siehe Abschn. 2.3). Es ist jedoch wichtig zu wissen, welcher Art der Ausfall war.
Gab es einen Stromausfall? Hat nur die Abfüllanlage gestoppt und wurde vielleicht auf dem Display der Steuerungseinheit einen Fehlercode angezeigt? Sofern
die Abfüllung eines Flüssigprodukts in Glasvials vorliegt, gab es vielleicht Glasbruch, was zum Verkanten des zuführenden Drehtellers geführt hat oder durch
eine schlechte Justierung verursachten Glasbruch mit gleichem Ausgang, also
einer Verkantung? Dann könnte es sogar sein, dass die Anlage gar nicht „ausgefallen" ist, sondern aufgrund der Verkantung nur abrupt anhielt und aktiv vom
Personal ausgeschaltet wurde, um den Fehler beheben zu können. Jede Person hat
ein individuelles Vokabular und die Formulierung in Textpassagen ist vielleicht
anders gemeint als es geschrieben wird. Genaue und unmissverständliche Informationen helfen aber den internen Prozessspezialisten oder externen Spezialisten
des Anlagenherstellers während der Ursachenanalyse, die Ursache für den Fehler
besser eingrenzen zu können und möglichst zielführende **Maßnahmen** definieren zu können, um ein erneutes Auftreten zu verhindern (für Maßnahmen, siehe
Kap. 3). Zusätzlich können z. B. Informationen über den Status der Abfüllung
wichtig werden. Ist die **Abweichung** aufgetreten, bevor das Produkt abgefüllt
wurde oder während der Abfüllung. Wie viele Vials waren bereits abgefüllt und
verschlossen? Gerade, wenn sich bei der folgenden Untersuchung zeigt, dass ein
manueller Eingriff zur Behebung des Fehlers zu einer **Kontamination** der Anlage
(z. B. bestätigt über das während der Chargenfertigung laufenden Hygienemo-
nitorings) geführt hat, könnte die Information für die finale Entscheidung zur
Verwendung wichtig werden (siehe Abschn. 2.4).

Zusätzlich ist in der kurzen Beschreibung „konnte der Fehler behoben werden" angedeutet, dass es ein Eingreifen seitens des anwesenden Personals gab.
Dies fällt in die Kategorie **Sofortmaßnahme** und dient z. B. dazu, den Fehler zu beheben, um die Herstellung weiterführen zu können. Wir werden in
Kap. 3 noch erfahren, welche Arten von Maßnahmen es in diesem Bereich gibt.
Für die Beschreibung der **Abweichung** ist wichtig, die durchgeführten Eingriffe
klar zu beschreiben. In Analogie zu den oben genannten Möglichkeiten, was

genau passiert ist, könnten es hier Sofortmaßnahmen wie „Wiederherstellung der Stromzufuhr", „Behebung durch angezeigten Fehlercodes durch Quittierung und Fortsetzen des Programms" oder „Entfernung von Glasbruch und Reinigung/Desinfektion des Bereichs" sein. Auch hier sollte die Beschreibung der Maßnahmen zumindest in ein paar Sätzen verständlich beschrieben werden, da es z. B. für die Sofortmaßnahme „Wiederherstellung der Stromzufuhr" wahrscheinlich ein Dutzend Möglichkeiten gibt. Die gesamte Beschreibung sollte aber auch nicht ausufern. Es hat keinen Mehrwert, eine einfache Abweichung über 5 Seiten hinweg zu beschreiben. Das kostet den Ersteller und die Prüfer viel unnötige Zeit. Eine Abweichung sollte also möglichst knapp beschrieben werden, aber korrekt und vollständig und sollte für Dritte, also Nicht-Spezialisten, nachvollziehbar und verständlich sein.

Ein Phänomen, dass immer wieder auftritt, sind sog. **geplante Abweichungen.** Hierbei weiß man vorher, dass von der festgelegten Prozedur abgewichen werden muss (weil z. B. ein Gerät defekt ist) und versucht, diesen Vorfall als Abweichung über das **Abweichungsmanagement** abzuhandeln. Ein wichtiges Kriterium von Abweichungen ist, dass sie unerwartet auftreten. Geplante Abweichungen werden daher allgemein im **GMP-System** als unzulässig betrachtet. Stattdessen sollte man, sofern man Tage oder Wochen vor dem Prozess weiß, dass etwas anders gemacht werden muss, das System der **Änderungskontrolle** nutzen, z. B. in Form einer zeitlich begrenzten (temporären) Änderung (ECA 2021; Schniepp und Lynn 2021).

2.2 Klassifizierung von Abweichungen

Die **Klassifizierung** einer **Abweichung** ist der nächste Schritt nach der Beschreibung des Vorfalls und ggfs. der Durchführung von Sofortmaßnahmen. Die Klassifizierung erfolgt gewöhnlich vorab durch den Ersteller in Rücksprache mit dem rechtlich verantwortlichen Funktionsträger des betroffenen Bereichs, z. B. dem Herstellungsleiter. Diese Vorab-Klassifizierung muss gewöhnlich durch einen Mitarbeiter der **Qualitätssicherung** (QS) akzeptiert und bestätigt werden. Diese Fachabteilung kümmert sich u. a. um die Überprüfung und Genehmigung von Vorgabe-Dokumenten und die Sicherstellung der Einhaltung der internen Vorgaben durch andere Fachabteilungen (FDA 2006), z. B. Routine-Produktion, Qualifizierung und Qualitätskontrolle und ist häufig für die Verwaltung des **Abweichungsmanagements** (Übersicht, Prüfung und Abschluss von Vorgängen etc.) zuständig. Die Klassifizierung ist bedeutsam, da hiermit grundlegend ein mögliches Risiko für die **Produktqualität** bzw. den Patienten abgeleitet werden kann. Aus diesem Grund wäre es nur zu menschlich, dass der Verursacher ein Interesse daran hat, die Klassifizierung niedrig zu wählen. Damit genau das nicht passiert und die Klassifizierung nachvollziehbar und begründet ist, wird diese Einstufung von der Qualitätssicherung überprüft.

Bei der **Klassifizierung** werden aufgetretene **Abweichungen** üblicherweise einer von drei Kategorien zugeordnet. Es werden geringfügige (oder „sonstige", minor), schwerwiegende (major) und kritische (critical) Abweichungen unterschieden. Unter geringfügig versteht man Abweichungen, die definitiv keinen negativen Einfluss auf die **Produktqualität** haben. Schwerwiegende haben einen potenziell negativen Einfluss auf die Produktqualität oder die Patientensicherheit und kritische Abweichungen haben definitiv einen negativen Einfluss bis hin zu lebensbedrohlichen Konsequenzen. Während sich das Aussehen und der Umfang von Formblättern sowie die eingesetzte Methodik von späteren Stufen (z. B. Ursachenanalyse, siehe Abschn. 2.4) sich z. T. deutlich zwischen Unternehmen unterscheiden können, ist dieses Bewertungssystem ein herkömmlicher Standard, der praktisch überall zu finden ist (Schraut 2011; PIC/S 2019).

Nehmen wir erneut ein Alltagsbeispiel zur Verdeutlichung. Wir fahren mit dem Auto außerorts auf einen zu beiden Seiten uneinsehbaren Bahnübergang zu. Sofern wir das gelbe Licht rechtzeitig bemerken, halten wir an, bevor die Ampel auf „Rot" umspringt. In diesem Fall liegt keine **Abweichung** vor. Sofern wir uns aber so nah am Bahnübergang befinden, dass es noch bei „Orange" klappen könnte, wir uns aber leicht verschätzen und 0,2 s nach dem Wechsel auf „Rot" die Ampel passieren, liegt eine Abweichung bzw. ein Regelvorstoß vor. Dieser hat aber i. d. R. keine Auswirkungen, da alle folgenden Aktionen immer zeitversetzt erfolgen. In diesem Fall könnten wir den Vorfall als **„geringfügig"** einstufen. Sofern wir uns aber in Eile noch über den Bahnübergang fahren, obwohl sich die Schranken bereits senken, ist dies potenziell lebensgefährlich. Sofern wir uns verschätzen, könnten wir entweder selbst abrupt durch Zusammenstoß mit der Bahnschranke stoppen oder diese so auf das Gleis drücken, dass der Zug mit der Schranke zusammenstößt. Deswegen stufen wir dies als **„schwerwiegend"** ein. Es ist nicht sicher, dass etwas passiert, aber wenn, hat es erhebliche Konsequenzen. Sofern wir sogar dreist um die Schranken fahren, nachdem diese bereits vollständig gesenkt sind, ist dies definitiv lebensgefährlich. Diese Situation stufen wir als **„kritisch"** ein.

Die **Klassifizierung** hängt aber nicht nur davon ab, was genau passiert ist. Ein und dieselbe **Abweichung** kann bei einem Produkt, dass auf die Haut aufgetragen wird eine andere Klassifizierung erhalten als bei einem Produkt, dass intravenös verabreicht wird. Genauso kann es Unterschiede zwischen Abweichungen, die bei der Chargenfertigung von zugelassener Marktware und klinischen Prüfmustern kommen, das hängt vom Einzelfall ab. Die Bedeutung der drei Kategorien sowie einige Beispiele sind in Tab. 2.1 enthalten.

Vielleicht gibt es Leser*innen, die die oben gewählte Einteilung beim Beispiel des Bahnübergangs anders sehen, z. B. bereits das zweite Szenario als kritisch einstufen würden. So ähnlich ist es auch bei der Beurteilung von **Abweichungen** in der Praxis. D. h. hier und da gibt es unterschiedliche Ansichten, welche **Klassifizierung** die Richtige ist. Es gibt je nach offizieller Quelle auch diverse Beispiele für Mängel/Vorfälle und eine Zurordnung zu den Kategorien, an denen man sich orientieren kann (ZLG 2017). Hierzu hat z. B. auch die internationale Organisation **PIC/S** (engl. Abkürzung für **P**harmaceutical **I**nspection **C**o-Operation

Tab. 2.1 Klassifizierung von Abweichungen und Beispiele

Kritikalität	Bedeutung	Beispiel
Geringfügig	Keine Auswirkungen auf die Produktqualität oder Patientensicherheit	• Während der Lagerung des Arzneimittels in der Kühlzelle kommt es zu einem kurzzeitigen Ausfall der Kühlung, allerdings bleibt die Temperatur in der Kühlzelle während und nach der Abweichung innerhalb des spezifizierten Temperaturbereichs
Schwerwiegend	Potenziell negative Auswirkungen auf die Produktqualität und Patientensicherheit	• Bei der Abfüllung eines Produkts kommt es zu einem ungeplanten Stopp, welcher zu einer Überschreitung der validierten max. Abfüllungszeit führt • Bei fortlaufenden Stabilitätsstudien nach Zulassung und Vertrieb zeigt sich, dass Prüfzeitpunkte nicht durchgeführt wurden • Eine analytische Methode, die zur Freigabe des Produkts eingesetzt wird, ist nicht validiert
Kritisch	Gesundheitsschädlich oder lebensgefährlich für den Patienten	• Bei der Zwischenstufe eines parenteral zu verabreichenden Arzneimittels werden Glassplitter oder unerwartete Partikel entdeckt • Die Prozedur zur Reinigung von produktberührenden Materialien wurde nicht korrekt befolgt und eine Verunreinigung des Produkts mit Reinigungsmittelrückständen ist wahrscheinlich

Scheme) die Richtlinie PI-040-1 veröffentlicht (PIC/S 2019). Diese Organisation setzt sich mit Qualitätsthemen im regulierten **GMP-Umfeld** auseinander und verfügt über diverse Expertengruppen, die u. a. Leitlinien publizieren. Diese Richtlinie zielt eher auf die Bewertung von festgestellten Mängeln bei **Behördeninspektionen** ab, soll also Inspektoren helfen, länderübergreifend festgestellte Mängel ähnlich einzustufen, kann aber auch in Anlehnung auf die Klassifizierung von **Abweichungen** während des Routine-Betriebs angewendet werden (Kern und Schneider 2020). Speziell für Impfstoffe wurde z. B. von der **World Health Organization (WHO)** eine Richtlinie veröffentlich, die sich sehr detailliert mit den Stufen bei der Bearbeitung von Abweichungen beschäftigt und auch konkrete Beispiele für die Klassifizierung von Abweichungen enthält. Die Richtlinie ist allerdings noch in der Entwurfsphase und derzeit online nicht verfügbar.

Bei Unternehmen, die im Lohnauftrag arbeiten, d. h. Produkte für andere herstellen bzw. prüfen, erfolgt eine Meldung an den Auftraggeber. Zusätzlich ist bei nachträglich festgestellten kritischen **Abweichungen** bei Produkten, die bereits in den Markt gelangt sind, eine Meldung an die zuständige Behörde notwendig.

2.3   Ursachenanalyse

Nachdem die **Abweichung** beschrieben wurde und die Einstufung des potenziellen Schweregrades durch die Klassifizierung erfolgt ist (und ggfs. gemeldet wurde), geht es im nächsten Schritt an die **Ursachenanalyse.** Sie dient, wie der Name schon ausdrückt, der Ermittlung der Ursachen, die zu dieser Abweichung geführt haben. Es gibt verschiedene Werkzeuge, die genutzt werden können. Neben eigenen entwickelten Übersichten mit Ursachenkategorien, werden häufig klassische Methoden eingesetzt. Dazu zählen u. a. das **Ishikawa-Diagramm,** die **5W's** und die **Kausalfaktor-Analyse.** In jedem Fall empfiehlt sich aber ein systematisches Werkzeug, da nicht strukturierte bzw. individuelle Ursachenanalysen verstärkt Gefahr laufen, an der wirklichen Ursache „vorbeizuschrammen". Das ist z. B. der Fall, wenn sich der Bearbeiter (der aber selbst nicht vor Ort war) ausschließlich selbst kurz ein paar Gedanken zu den möglichen Ursachen macht und diese dokumentiert, um die Abweichung möglichst schnell abschließen zu können.

Eine visuelle Methode, die bei der **Ursachenanalyse** genutzt wird, ist das **Ishikawa-Diagramm** (auch Fischgrätenmodell genannt). Dieses grafische Tool wurde in den 1940er Jahren vom Japaner Kaoru Ishikawa entwickelt und dient u. a. dazu, mögliche Einflussgrößen/Ursachen abzubilden, die zu dem Fehler geführt haben können. Das Ishikawa-Diagramm besteht aus einem horizontalen

Hauptpfeil, der in diesem Fall mit einem Fehler abschließt. Die schrägen Pfeile, die auf den Hauptstrang zugehen, stellen verschiedenste Einflussgrößen dar (Abb. 2.1). Das bekannteste Modell sind die 6Ms, die die Einflussgrößen Mensch, Maschine, Methode, Messung, Material und Milieu umfassen (Locwin 2018). Diese bilden das Grundgerüst des Ishikawa-Diagramms (Abb. 2.1). Das Ishikawa-Diagramm ist aber nicht auf diese Anzahl von Hauptsträngen beschränkt. Es können z. B. auch mehr Stränge dargestellt werden oder diese allgemeinen Kategorien durch „greifbarere" Ausdrücke ersetzt werden. Ein Beispiel hierfür wäre im Fall eines Geräte-Defekts die Verwendung von Kategorien wie „Qualifizierung", „Arbeitsanweisung", „Wartung", „Personal" etc.

Als Beispiel für eine **Abweichung** nehmen wir die Verwendung eines veralteten (ungültigen) Formblatts bei der Herstellung eines Puffers, der dann für die Fertigung einer Charge des Produkts eingesetzt wird. Die Abweichung wird erst nach Abschluss der Chargenfertigung bei der Vorbereitung der Freigabe erkannt. Formblätter werden u. a. für die Dokumentation von Tätigkeiten verwendet. Diese enthalten dann im Fall eines tabellarischen Aufbaus Spalten, die bestimmte Informationen abfragen und ein „Soll" angeben und leere Spalten, in denen das „Ist" eingetragen wird (z. B. Soll: Einwaage $10,0 \pm 0,1$ g Substanz X; Ist: 9,9 g), ähnlich wie der Aufbau von behördlichen Anträgen, in denen in Textfeldern die eigenen Angaben gemacht werden. In diesem Fall nehmen wir an, ein Mitarbeiter hat die Version 3 eines Formblatts verwendet, obwohl dieses bereits vor einem Monat durch Version 4 ersetzt wurde. Da Formblätter wie andere Dokumente der Versionskontrolle unterliegen, gibt es zu jedem Zeitpunkt nur eine gültige Version. Sofern das Formblatt aufgrund einer notwendigen Änderung (gemäß eines

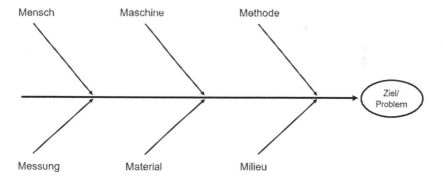

Abb. 2.1   Schema des Ishikawa-Diagramms mit verschiedenen Einflussgrößen

genehmigten **Änderungskontrollverfahrens,** siehe Abschn. 1.1) geändert wird, wird das geänderte Dokument als neue Version gültig und die vorher gültige Version ungültig gesetzt. Hier könnte man die **Ursachenanalyse** recht oberflächlich halten und argumentieren, dass ein individueller Fehler des Operators vorliegt. Aber ist die Sachlage wirklich so einfach?

Es gibt in diesem Fall theoretisch mehrere plausible Gründe, wie es zu dieser **Abweichung** gekommen sein kann. Bei Verwendung von elektronischen **Dokumentenmanagement-Systemen** gibt es für jedes Dokument Ordner, in denen die gültigen Versionen angezeigt werden, auf Vorversionen hat man als Anwender meist keinen Zugriff mehr. Bei **papierbasierten Systemen** gibt es gewöhnlich ein Ausgabe- und Einzugssystem, um allen Beteiligten die gültigen Versionen zukommen zu lassen und sicherzustellen, dass veraltete Versionen „aus dem Verkehr" gezogen werden. Da es in diesem Fall nur ein Original (mit den Unterschriften von Ersteller, Prüfer und Genehmiger) gibt, werden sog. Arbeitskopie ausgehändigt. Dies sind geprüfte Kopien, auf denen z. B. von **Qualitätssicherung** mit Stempel und Unterschrift bestätigt ist, dass sie mit dem Original übereinstimmen. In diesem Beispiel könnte sich der Anwender eine unzulässige Kopie erstellt haben (bei elektronischen Systemen durch Abspeicherung des elektronischen Formblatts auf dem Arbeitsrechner, bei papierbasierten Systemen durch Kopie der Arbeitskopie. Sofern es nun zu einer Änderung des Dokuments kommt, könnte die fortgesetzte Nutzung der unzulässigen Kopie zu dieser Abweichung geführt haben. Es ist aber auch möglich, dass der Mitarbeiter, der für das Dokumentenmanagement-System zuständig ist, bei der Prüfungs- und Genehmigungsrunde das falsche (vorherige) Formblatt hochgeladen hat und dieser Fehler von niemanden bemerkt wurde. Eine weitere Ursache könnte sein, dass die neue gültige Version zwar existiert, aber noch gar nicht an die Arbeitsgruppe verteilt wurde, da die zuständige Person erkrankt ist, keinen Stellvertreter hat und das zu verteilende Dokument bereits gültig ist (gemäß Angabe auf Dokument), aber noch auf einem großen Stapel des erkrankten Sachbearbeiters „schlummert".

Als **Nebenursache,** die diesen Fehler zwar nicht initial verursacht, aber zur Entstehung beigetragen haben könnte, würde auch die Schulung infrage kommen. Bei einer Dokumentenänderung muss obligatorisch auch eine Schulung erfolgen. Diese dient dazu, die zuständigen Mitarbeiter über die Änderung zu informieren und ggfs. auch auf zum vorherigen Zustand abweichende Inhalte hinzuweisen, damit keine Fehler auftreten. Vielleicht hat der Mitarbeiter in diesem Fall versäumt, die Schulung zu absolvieren, in Kombination mit dem unzulässigen Abspeichern einer lokalen Kopie. Eventuell hat der Vorgesetzte auch vergessen, die Mitarbeiter auf diese Änderung zu schulen (analog könnte bei elektronischen Schulungssystemen der Administrator vergessen haben, dem Mitarbeiter die Schulung zuzuweisen). Weiterhin könnte der Fehler auch bei einer anderen Abteilung liegen, wenn z. B. das **Qualitätsmanagement** die zu verwendenden Dokumente jeweils vor Start der Aktivitäten zur Verfügung stellt. Daneben stellt sich die Frage, wie dieser Fehler unentdeckt blieb. Ausgefüllte Protokolle müssen immer durch eine weitere Person, z. B. den Vorgesetzten, überprüft werden. Auch hier ist der Fehler nicht erkannt worden, was ebenfalls als Nebenursache infrage kommt. Wir sehen also hier, dass ein recht einfacher Fall diverse Ursachen haben kann. Bei komplexeren **Abweichungen** können noch deutlich mehr Ursachen infrage kommen.

Diese möglichen Ursachen und Nebenursachen lassen sich dann während eines **Brainstormings** im Team in das **Ishikawa-Diagramm** eintragen. Diese Aktivität stellt die systematische Erfassung möglicher Ursachen dar, die auf Basis des theoretischen Brainstromings aber erst mal nicht in wahrscheinlich oder unwahrscheinlich differenziert werden können. Dazu werden die oben genannten Aspekte nun überprüft, z. B. durch Kontrolle, welches Formblatt verfügbar ist, durch Überprüfung des Schulungsstatus und der im Bereich verfügbaren Arbeitskopie etc. Ein wichtiger Aspekt ist bei diesen Untersuchungen die Einbindung bzw. Befragung der Person, der die Abweichung passiert ist. Die gesammelten Informationen werden schriftlich festgehalten und abschließend auf deren Basis zu jeder möglichen Ursache eine Einschätzung gemacht, ob diese Ursache wahrscheinlich ist oder z. B. ausgeschlossen werden kann. Dadurch reduzieren sich die oben genannten Möglichkeiten und die **Ursachenanalyse** endet vielleicht mit zwei wahrscheinlichen Ursachen. Im nächsten Schritt sollten auf Basis der Analyse sinnvolle **Maßnahmen** definiert werden, um ein erneutes Auftreten zu verhindern, siehe Kap. 3.

Als Fazit aus dem genannten Beispiel sollte die Leser*innen zwei fundamental wichtige Aspekte behalten. Es ist sehr wichtig, den Verursacher oder Erkenner der **Abweichung** in die **Ursachenanalyse** einzubeziehen. Man kann sich stundenlang mit theoretischen Überlegungen „den Kopf zerbrechen", obwohl die Lösung ganz einfach ist. Auf der anderen Seite sollte die Ursachenanalyse gründlich erfolgen. Eine allzu oberflächliche Ursachenanalyse ermöglicht keine zielgerichteten Maßnahmen und entspricht dann eher dem Sprichwort „mit Kanonen auf Spatzen schießen". Ein gutes Beispiel hierfür findet sich in einer Frage&Antwort-Runde, in der amerikanische Experten zu dem Thema befragt wurden. Hierbei wurden fehlende Eintragungen während der Herstellung festgestellt. Es wurde vom Vorgesetzten argumentiert, dass der Operator die Eintragungen aufgrund eines **individuellen Fehlers** einfach vergessen hat. Auf dieser Basis wurde der Operator erneut auf die Notwendigkeit vollständiger Eintragungen geschult. Als der Fehler wieder und wieder auftrat, hat schließlich die direkte Befragung des Mitarbeiters ergeben, dass die auszufüllende Dokumentation gar nicht am Arbeitsplatz, also im Reinraum vorhanden war und er sich jedes Mal hätte aufwendig ausschleusen müssen, um die Eintragungen zu machen. Dieser **prozessbedingte Mangel** trug dazu bei, dass er ab und zu im Anschluss an seine Arbeit vergaß, bestimmte Angaben nachträglich einzutragen (Schniepp und Lynn 2021).

Im vorherigen Absatz mag die Aussage „obwohl die Lösung ganz einfach ist" so klingen, als ob man nur den Verursacher fragen muss und sich dann alles von selbst klärt. Die Befragung ist wichtig, führt aber gewöhnlich nicht direkt dazu, die tieferliegenden Ursachen zu erkennen. Deswegen ist es hilfreich, ein wenig zu „bohren", bis sich die eigentliche Ursache zeigt. Als Methode hierfür eignen sich die **5W's.** Diese wird häufig im Rahmen von **Ursachenanalysen** eingesetzt (Tableau 2022). Dabei wird die Person bei der Befragung fünf Mal hintereinander „Warum" gefragt. Das regt dazu an, über die Fehlerentstehung nachzudenken und dabei schrittweise „hinter die Fassade" zu schauen. Hierdurch ergeben sich am Ende Ursachen, die man selbst zunächst nicht erkannt bzw. in Betracht gezogen hat. Die 5W-Technik hat eine breite Akzeptanz und wird u. a. auch von der amerikanischen Zulassungs- und GMP-Behörde **Food and Drug Administration (FDA)** als geeignetes Mittel beschrieben (FDA 2013).

Nehmen wir als Beispiel den Fall, dass in einer klaren Lösung, z. B. einem Puffer, der mithilfe einer Anlage hergestellt wird, Kunststoffpartikel gefunden werden. Das Personal untersucht den Fehler vorab und findet heraus, dass sich Teile einer Dichtung gelöst haben. Der Ursachenanalyse-Experte trifft sich mit den Beteiligten und setzt bei der Befragung die **5W-Methode** ein (Abb. 2.2).

Abb. 2.2 Sukzessive Anwendung der **5W-Methode** zur Ermittlung der Fehlerursache

Man erkennt an der sukzessiven Abfolge, dass hier zunächst recht ober-flächlich **Materialverschleiß** als Ursache gesehen wird. Durch das wiederholte Hinterfragen des „Warums" stellt sich dann heraus, dass ein **Vorgabedokument, der Wartungsplan, ungenügend** ist. Die 5W's sind natürlich nur ein typischer fixer Standard, nicht alle Fehler benötigen **5 Warum-Fragen,** um die dahinterlie-gende Ursache aufzuspüren. Auf der anderen Seite könnte die **Ursachenanalyse** noch weiter gehen. Wir wissen jetzt, dass der Wartungsplan ungenügend ist, aber warum? Irgendwo muss der Umfang der im Wartungsplans gelisteten Akti-vitäten ja herkommen. Hier könnte als weitere Antwort genannt werden, dass dieser Aspekt entweder nicht in den Wartungsempfehlungen des Herstellers beziehungsweise in der initialen **Anlagen-** bzw. **Prozess-Risikoanalyse** der Puf-ferherstellung betrachtet wurde oder keine Maßnahmen hierzu definiert wurden. Dann müsste nicht nur der Wartungsplan um ein regelmäßiges Austauschen der Dichtungen ergänzt werden, sondern auch die initiale Risikoanalyse, da offensichtlich ein relevanter Fehler nicht adäquat kontrolliert wird. D. h. im Umkehrschluss nicht, dass die 5W-Methode ungenügend ist. Eigentlich hätten wir die Risikoanalyse bereits mit 5 Warum-Fragen ermitteln können. In Abb. 2.1 ist die dritte Antwort („weil die maximale Nutzungszeit überschritten wurde") eher untypisch, da die Fragen nacheinander gestellt werden und der Befragte zwi-schendurch nicht ausgiebig Zeit hat, Informationen zu sammeln. D. h. das Wissen, dass der Hersteller in seiner Spezifikation eine maximale Nutzungszeit angibt, würde im Interview eher nicht genannt werden, sodass ein „Warum" nach dem Wartungsplan übrig wäre und hier final die Prozess-Risikoanalyse identifiziert werden könnte. Es ist nicht ungewöhnlich, dass selbst nach Jahren Prozesserfah-rung noch neue Risiken entdeckt werden, die vorher übersehen wurden (Vogel 2021).

Als letzte Methode gehen wir noch kurz auf die **Kausalfaktoranalyse** ein, für die es verschiedene Subvarianten gibt. Eine Möglichkeit ist es, alle Geschehnisse bzw. Ereignisse grafisch darzustellen, an deren Ende der Fehler steht (FDA 2013). Am Beispiel der eben beschriebenen Anlage würde das bedeuten, dass man alle Ereignisse rund um die Anlage kettenartig hintereinanderstellt, aber auch zuflie-ßende Ereignisse. Es könnten je nach Szenario auch andere Ursachen zutreffen. Zum Beispiel können Partikel nicht nur aus der Anlage kommen, sie könnten auch aus den verarbeiteten Ausgangsstoffen oder dem Wasser kommen, der für die Puf-ferherstellung verwendet wurde. Die Informationen zur Anlage lassen sich dem **Logbuch** entnehmen, einem Dokument, in dem alle Tätigkeiten (z. B. Reinigung, Änderungen, Wartung, Abweichungen etc.) mit Bezug zur Anlage dokumentiert werden. Am Ende werden hiervon wahrscheinliche **Kausalfaktoren** abgeleitet, die wiederum verschiedenen **Ursachenkategorien** (z. B. menschlicher Fehler,

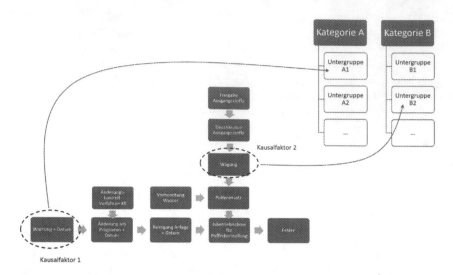

Abb. 2.3 Schematische Darstellung von Ereignissen, Kausalfaktoren und Ursachenkategorien

Fehler im Schulungssystem, Fehler in Vorgabedokumenten) zugeordnet werden, was in Abb. 2.3 skizzenhaft dargestellt ist. Hierbei sollte berücksichtigt werden, dass ein menschlicher Fehler als Ursache häufig als ungenügend betrachtet wird (Schniepp und Lynn 2021). Das hat den Hintergrund, dass früher nur allzu gern Fehler auf die Mitarbeiter geschoben wurden, um nicht die dahinterliegenden Prozesse hinterfragen und ändern zu müssen.

Die **Kausalfaktoranalyse** kann noch differenzierter erfolgen, z. B. mit unterschiedlichen Formen für Ereignisse und Zustände und Annahmen und gesicherten Informationen (Technical Research and Analysis Center 1995). Die Auf Basis der **Ursachenanalyse** werden sinnvolle **Maßnahmen** abgeleitet, die u. a. dazu dienen, das erneute Auftreten der **Abweichung** zu vermeiden. Für Maßnahmen gibt es ein separates Kapitel (Kap. 3), deswegen gehen wir zum letzten Schritt bei der Bearbeitung von Abweichungen über, der **Risikobewertung**.

2.4   Risikobewertung

Auf Basis der zusammengetragenen Informationen und weiterführender Kenntnis des Prozesses erfolgt abschließend die **Risikobewertung** bzw. **Risikoanalyse**.

Risikoanalysen dienen allgemein dazu, mögliche Fehler oder Risiken zu erkennen und zu bewerten, die einen Einfluss auf die Qualität von Produkten haben können und sind integraler Teil des **Qualitätsmanagementsystems** (QRM) von pharmazeutischen Unternehmen, die unter den Vorgaben der **Guten Herstellungspraxis** (GMP) arbeiten (Vogel 2021). In Abschn. 2.2 haben wir die initiale **Klassifizierung** kennengelernt. Diese stellt aber nur eine initiale Bewertung dar, die den Schweregrad der **Abweichung** einstuft. Es gibt eine Vielzahl von zusätzlichen Faktoren, die zur finalen Risikobewertung herangezogen werden. Hier wird abschließend eine Entscheidung getroffen, ob der Fehler akzeptabel ist oder das Risiko so hoch ist, dass die betroffene Charge nicht freigegeben werden kann. Ähnlich wie bei der **Ursachenanalyse** oder kombiniert mit dieser können systematische Methoden des **Qualitätsrisikomanagements** eingesetzt werden, um die Risiken semi-quantitativ in einem Zahlensystem zu bewerten (WHO 2021).

In unserem Alltagsbeispiel aus Kap. 1 ging es um den Aufbau eines Doppelbettes. Es fehlten Schrauben, um den oberen Bettkasten anzubringen. Je nachdem, wie wir die fehlenden Schrauben kompensiert (als **Sofortmaßnahme** haben wir andere Schrauben verwendet) haben, könnte das Risiko für die Gesundheit minimal bis gravierend sein. Sofern wir baugleiche oder vergleichbare Schrauben aus unserer Garage verwendet hätten, wird das Risiko gering bzw. nicht vorhanden sein. Wir könnten jedoch aus der Not heraus unwissend entweder zu kurze Schrauben oder Schrauben verwendet haben, die nicht für Holz geeignet sind. Dadurch könnte die Stabilität und die Traglast des Bettes negativ beeinflusst sein, wodurch letztlich eine potenzielle Lebensgefahr für die Kinder beim Schlafen resultiert.

Ähnlich verhält es sich mit **Abweichungen** im pharmazeutischen Bereich. **Sofortmaßnahmen** (siehe Kap. 3) dienen häufig dazu, den Fehler zu korrigieren oder abzumildern, z. B. wenn während der Herstellung ein Prozessparameter (z. B. Temperatur, Rührgeschwindigkeit, Druck) aus dem **spezifizierten Toleranzbereich** schießt und durch Maßnahmen wieder in den Toleranzbereich zurückgeführt wird. Das Risiko der Abweichung muss bewertet werden. Das Risiko kann nicht pauschal beantwortet werden. Zum Beispiel könnten bezüglich der Rührgeschwindigkeit in einem Teilschritt aus der Produktentwicklung Daten vorhanden sein, die belegen, dass die faktisch vorgelegene Abweichung in einem Bereich liegt, der die Produktqualität nicht beeinflusst. Die Eingrenzung des Toleranzbereichs für die Routine könnte dann enger gesetzt worden sein, um eine stärkere **Prozesskontrolle** ausüben zu wollen. Auf der anderen Seite könnte der Toleranzbereich wirklich bedeuten, dass bestimmte Qualitätsattribute des Produkts negativ beeinflusst werden. Die finale **Risikobewertung** würde sich in diesen Fällen unterscheiden. Da nicht jeder Prozessparameter den gleichen Einfluss auf die Produktqualität, werden gewöhnlich durch Risikoanalysen für jeden Prozess sog. **kritische Prozessparameter** (engl. Abkürzung CPP, für **C**ritical **P**rocess **P**arameter) abgeleitet (Mitchell 2013).

Für die Bewertung vieler **Abweichungen** könnte theoretisch auf den Ausgang der Freigabeprüfungen vertraut werden. Die Freigabeprüfung erfolgt für jede Charge des gefertigten Produkts gemäß der Zulassung und umfasst diverse analytische Methoden, die jeweils bestimmte **Qualitätsattribute** (Aussehen, Identität, Gehalt etc.) messen (Vogel 2020a). Sofern alle Qualitätsattribute der Spezifikation entsprechen, sollte doch nachgewiesen sein, dass die Abweichung keine Auswirkung auf die Qualität hat? Leider ist diese Sichtweise nicht korrekt, da die Freigabeprüfung nur eine Stichprobe darstellt. Die verschiedenen Eigenschaften werden nur anhand einer kleinen Anzahl von Behältern analytisch überprüft. Die Ergebnisse der Freigabetestung stellen zusammen mit der Einhaltung aller vorherigen Vorgaben zur Herstellung sicher, dass die Charge alle **Qualitätsanforderungen** im Einklang mit der Zulassung erfüllt.

Abweichungen hiervon können sehr wohl einen Einfluss auf die **Produktqualität** haben, die, selbst wenn alle analytischen Ergebnissen den Spezifikationen entsprechen, zur Rückweisung einer Charge führen können. Zum Beispiel könnte durch eine Abweichung eine direkte Kontaminationsgefahr entstehen, die ein hohes Risiko für die **Patientensicherheit** bedeutet. Ein zweites Beispiel ist eine Abweichung eines Prozessparameters, die sich negativ auf die Stabilität und damit die Haltbarkeit des Produkts auswirkt, was durch die Freigabeprüfungen nicht erkannt wird. Auf der anderen Seite bedeutet eine Abweichung, die eine Kontaminationsgefahr darstellt, nicht automatisch die Rückweisung der Charge. Wenn die Abweichung früh im Prozess auftritt und in folgenden Prozessstufen diverse Abreichungsschritte von Mikroorganismen existieren, z. B. bei der Aufreinigung mittels diverser Techniken oder durch eine abschließende Sterilfiltration, kann dies auch zur finalen **Risikobewertung** herangezogen werden. Diese sog. mitigierenden Aspekte (Reduzierung des Schadensausmaß, sofern ein Fehler auftritt) werden gewöhnlich berücksichtigt und auch von Behörden empfohlen (PIC/S 2019). Daran kann man erkennen, dass viele prozessspezifischen Aspekte bei der Bewertung berücksichtigt werden, auch solche, die das Risiko erhöhen.

Bezugnehmend auf unser Beispiel aus Abschn. 2.1, bei dem eine Störung zum Ausfall der Abfüllanlage führte, ist für die Bewertung wichtig zu wissen, ob die Verzögerung von 120 min einen Einfluss hat. In der Herstellungsanweisung wird i. d. R. eine maximale Zeit definiert, in der das Produkt die bestehenden Raumbedingungen problemlos verträgt. Dieser Zeitraum wurde in der **Prozessvalidierung** bestätigt. Sofern die Maximalstandzeit nicht überschritten ist, geht von der Verzögerung bezüglich der **Produktqualität** kein erhöhtes Risiko aus. In

Abhängigkeit von dem Ausgang der manuellen Intervention könnte aber relevant sein, wie viele Vials zum Zeitpunkt der Abfüllung bereits verschlossen waren. Sofern sich z. B. später zeigt, dass die **Sofortmaßnahme**, also der manuelle Eingriff zur Korrektur des Fehlers, zu einer mikrobiellen oder partikulären Kontamination des Bereichs geführt hat, könnte die Entscheidung getroffen werden, dass alle ab dem Vorfall abgefüllten Vials doch zurückgewiesen und vernichtet werden müsse, während hingegen die bereits verschlossenen Vials freigegeben werden können. Dafür wäre es aber wichtig, dass diese Teilmenge vom Rest der Charge getrennt ist, also eindeutig den Gruppen zugeordnet werden kann. Das ist bei Abfüllungen nicht immer der Fall ist. Also hätte für dieses Szenario eine weitere **Sofortmaßnahme** definiert werden müssen, um sicherzugehen, dass Vials vor und nach dem Vorfall eindeutig separiert und zugeordnet werden können. Allerdings muss ein solches Vorgehen im Einklang mit dem etablierten **Qualitätssystem** sein.

Auch unser scheinbar einfaches Beispiel der Verwendung eines ungültigen Formblatts in Abschn. 2.3 kann sich schnell zu einem Problem entwickeln. Da die **Abweichung** erst kurz vor Chargenfreigabe festgestellt wurde, müsste für die **Risikobetrachtung** geprüft werden, inwieweit sich die verwendete ungültige Version des Formblattes mit dem gültigen Formblatt übereinstimmt. Sofern die Änderung nur formale Änderungen (z. B. das Layout) betrifft, liegt hier kein zusätzliches Risiko vor. Sofern jedoch die Prozedur geändert wurde, d. h. z. B. die Zusammensetzung des Puffers anders ist, liegt hier ggfs. ein hohes Risiko für die **Produktqualität** vor. Das muss nicht sein (da der Puffer vor einem Monat noch so eingesetzt wurde), vielleicht ist aber die ganze Zusammensetzung des Produktes geändert worden und man hat den Puffer absichtlich angepasst, da die alte Pufferrezeptur keine ausreichende Produktstabilität garantierte. Dann hätte der anhand des veralteten Protokolls falsche Pufferansatz erhebliche negative Auswirkungen auf die Produktqualität.

Die **Risikobetrachtung** wird gewöhnlich von dem Bearbeiter der **Abweichung** oder einem Spezialisten erstellt. Der resultierende **Abweichungsbericht** inklusive aller beschriebenen Schritte wird von einem Mitarbeiter der **Qualitätssicherung** geprüft sowie von Bereichsleitern (z. B. Kontrolleiter oder Herstellungsleiter und/oder **Qualified Person**) genehmigt. Nach Erstellung der Risikobetrachtung und der **Maßnahmendefinition** (siehe Kap. 3), erfolgt der Abschluss der Abweichung. Für die Bearbeitungszeitraum von Abweichungen gibt es je nach Region auch Erwartungswerte, die in der internen SOP festgelegt werden. In Abhängigkeit von der Klassifizierung ist z. B. 15 Arbeitstage bis zum Abschluss von kritischen Abweichungen, 20 Tage für den Abschluss von schwerwiegenden Abweichungen und 30 Tage für den Abschluss von geringfügigen Abweichungen üblich (Ahmed 2022). Das ist jedoch nicht immer fix und es gibt auch Festlegung von bis zu 60 Tagen für den Abschluss von bestimmten Abweichungen (Schniepp und Lynn 2021).

Maßnahmen: Korrekturen, Korrektur- und Präventivmaßnahmen

Das Auftreten einer **Abweichung** ist selbstverständlich ein nicht erwartetes Ereignis. Die Verfahren und Prozesse im Unternehmen sind so aufgestellt, dass sich ein Produkt verlässlich mit gleichbleibender **Qualität** herstellen lässt. Die zahlreichen Prozesse in einem Unternehmen, die zur Herstellung und Prüfung von Produkten eingesetzt werden, sind durch Vorgabe-Dokumente wie z. B. **Standard-Arbeitsanweisungen** (SOPs) vorgegeben. Die Prozesse und Räumlichkeiten (z. B. Probennahme, einzelne Geräte, Lagerung von Ausgangsstoffen, Raumdesign, Herstellprozesse, analytische Methoden) sollten vorab mittels Risikoanalysen auf mögliche Fehler bzw. Schwachstellen geprüft worden sein (Vogel 2021). Diese SOPs werden in Intervallen auf Aktualität und Fehlerfreiheit geprüft. Weiterhin ergeben sich auch aus der praktischen Anwendung heraus ab und zu Hinweise für Verbesserungen oder für die Beseitigung von Schwachstellen oder Unklarheiten. Dazu gibt es weitere Systeme, wie regelmäßige **Selbstinspektionen** verschiedener Bereiche, die insgesamt Teil eines **kontinuierlichen Verbesserungsprozesses** sind und dazu beitragen, dass etwaig vorhandene Fehlerquellen ausgemerzt werden, bevor sie sich als Abweichung manifestieren. Damit lässt sich ein Großteil möglicher Abweichungen abfangen, jedoch kann dies niemals vollständig sein. Die Frage ist nun, wie reagiert man adäquat auf festgestellte Fehler.

Es gibt im Grunde 3 Arten von Maßnahmen, die unterschieden werden können (FDA 2006).

1. Korrekturen/Sofortmaßnahmen
2. Korrekturmaßnahmen
3. Präventivmaßnahmen

P. U. B. Vogel, *Abweichungsmanagement in der pharmazeutischen Industrie*, essentials, https://doi.org/10.1007/978-3-662-66892-4_3

Unter **Korrektur/Sofortmaßnahme** versteht man eine Aktivität, die direkt zur Beseitigung eines Fehlers mit Bezug zur Charge dient. Hiervon abgrenzt werden **Korrekturmaßnahmen** (engl. CA für Corrective Action). Diese dienen anders als Korrekturen dazu, die Ursachen abzustellen, damit der Fehler in folgenden Prozessen nicht erneut auftritt. Eine **Präventivmaßnahme** dient dazu, das erstmalige Auftreten dieses Fehlers in einem anderen Bereich/Prozess präventiv zu verhindern. Der häufig verwendete Begriff **CAPA** ist aus den beiden letztgenannten zusammengesetzt (CA: Corrective Action; PA: Preventive Action). Hier und da gibt es Fälle, in denen die Korrektur- und Präventivmaßnahmen nicht präzise voneinander abgegrenzt sind. Das liegt häufig daran, dass man sinngemäß die Begriffe Vermeidung oder Verhinderung mit „Prävention" gleichsetzt (was in vielen anderen Lebensbereichen auch zutrifft) und „echte" Korrekturmaßnahmen dann fälschlicherweise als Präventivmaßnahme definiert werden. Das Unterscheidungsmerkmal zwischen CAs und PAs ist aber nicht die Frage, ob sich eine Maßnahme auf die Vermeidung eines zukünftigen Ereignisses richtet, sondern gemäß der **ISO-Norm 13485,** ob ein erneutes oder erstmaliges Auftreten verhindert werden soll (ISO 2016). Dazu muss aber gesagt werden, dass dies ein formaler Fehlgebrauch ist, der i. d. R. keine praktischen negativen Auswirkungen hat.

Nehmen wir zum besseren Verständnis ein simples Beispiel aus dem Alltag. Wir planen ein Abendessen mit Freunden. Das Abendessen soll in unserem Wohnzimmer mit integrierter Kochzeile stattfinden. In dem Zimmer haben wir zentral eine große Deckenleuchte. Während der Vorbereitung geht das Licht aus. So könnten wir den geplanten Prozess, also das Abendessen nicht durchführen. Wir starten mit der **Ursachenanalyse.** Zunächst prüfen wir den Sicherungskasten, ob die Sicherung herausgesprungen ist. Dies ist aber nicht der Fall. Danach überprüfen wir, ob die Glühbirne intakt ist. Wir erkennen einen Bruch im Wolframdraht. Wir holen aus dem Vorratsschrank eine neue Glühbirne, setzen diese ein und das Licht geht wieder an. Dies stellt eine **Sofortmaßnahme** dar, die uns erlaubt, unseren „Prozess" (das Abendessen mit Freunden) erfolgreich zu absolvieren. Wir sind aber je nach Situation nicht nur von einer Sofortmaßnahme abhängig. Sofern sich zeigen sollte, dass mit der Elektrik etwas nicht stimmen sollte, könnten wir auch einen Elektrikbetrieb mit Notfallservice anrufen, um rechtzeitig zum Abendessen wieder Licht zu haben. Eine weitere alternative Sofortmaßnahme wäre der Einsatz von Kerzen, sofern der Fehler nicht rechtzeitig behoben werden kann. Eine Bypass-Sofortmaßnahme wäre die Verlegung des Abendessens in einen anderen Raum, in dem das Licht funktioniert (diese Art von Sofortmaßnahmen gibt es auch im pharmazeutischen Bereich). Eine **Korrekturmaßnahme** (CA) wäre in diesem Beispiel, dass wir das erneute

Auftreten des Fehlers dadurch vermeiden (bzw. das Risiko des erneuten Auftretens reduzieren), indem wir regelmäßig die Glühbirnen im Wohnzimmer nach 90 % der Lebensdauer auswechseln. Eine andere Maßnahme wäre das Anbringen einer zweiten Deckenleuchte. Andere Korrekturmaßnahmen (je nach vorliegender Ursache) wären, dass wir mit dem Elektrik-Betrieb einen Service-Vertrag abschließen, um z. B. alle 12 Monate die Elektrik fachmännisch überprüfen zu lassen. Eine **Präventivmaßnahme** wäre in diesem Beispiel, dass wir in anderen Bereichen („Prozessen") Maßnahmen definieren, um das erstmalige Auftreten des gleichen Fehlers zu vermeiden, z. B. indem wir auch in anderen Räumen wie dem Schlafzimmer rechtzeitig die Glühbirnen austauschen, weitere Leuchten anbringen etc. Übrigens stellt die regelmäßige Überprüfung des Sicherungskastens eine Art kombinierte Korrektur- und Präventivmaßnahme dar, da bei dieser Aktivität ja nicht nur die einzelne Sicherung des Wohnzimmers kontrolliert wird, sondern sämtliche Sicherungen des Hauses.

Kommen wir jetzt zu einem Beispiel im **pharmazeutischen Betrieb.** Bei der Abfüllung eines Produkts wird festgestellt, dass auf der Steuerplatine ein Relais einer Abfüllanlage defekt ist. Der Austausch des defekten Relais wäre eine **Sofortmaßnahme.** Allerdings ist das pharmazeutische Umfeld komplexer als das Beispiel im Eigenheim und diese einfache Sofortmaßnahme wird allein für sich nicht ausreichen. Ein Relais wird nicht mal eben auf Lager sein und der Austausch vermutlich auch nicht durch einen firmeninternen Techniker durchgeführt. In diesem Fall ist man ggfs. von der Verfügbarkeit von Service-Techniker des Herstellers abhängig. Angenommen es steht sofort Hilfe bereit, agieren die externen Service-Techniker in Reinräumen, die ggfs. ihren Status verlieren, der sonst durch umfangreiche Reinraumtechnik und Hygiene-Maßnahmen aufrechterhalten wird. Die Anforderungen an die Hygiene in den verschiedenen Reinraumklassen sind im Anhang 1 des **EU-GMP-Leitfadens** festgelegt (EC 2008). Je nach Reinraumklasse würden sich eine Reihe von weiteren Aktivitäten (z. B. anschließende Reinigung/Begasung, Messungen auf Partikel und Mikroorganismen) zur Bestätigung der Einhaltung der spezifizierten Grenzwerte, erneute Freigabe des Bereichs) anschließen. Daneben stellt sich die Frage, ob das Produkt diese ungeplante Standzeit überhaupt ohne negativen Einfluss auf die **Produktqualität** verträgt. Angenommen eine längere Standzeit bei normalen Umgebungstemperaturen ist validiert und damit unkritisch, reicht diese Erläuterung mit Verweis auf die Daten im Risikoanalyse-Abschnitt der Abweichung. Weiterhin stellt sich die Frage, ob zu dem Zeitpunkt des Eingriffs Container bereits abgefüllt und noch nicht verschlossen waren und, ob diese vernichtet werden müssen? Weiterhin muss auch der Qualifizierungs/Validierungsstatus der Abfüllanlage zumindest bewertet werden. Ist gemäß der internen SOP eine Requalifizierung/Revalidierung

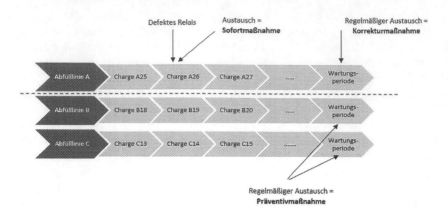

Abb. 3.1 Schematische Darstellung und Abgrenzung von Sofort-, Korrektur- und Präventivmaßnahmen

vor Inbetriebnahme notwendig oder reicht beim Austausch von baugleichen Teilen ein Eintrag im Logbuch sowie eine **Risikobewertung** durch den Herstellungsleiter innerhalb des Abweichungsberichts? Es wird also deutlich, dass die einzelnen Aktivitäten zur Rettung einer Chargenproduktion aufwendig und kompliziert sein können.

Bei der anschließenden **Ursachenanalyse** stellt sich heraus, dass der Ausfall durch allmähliche Korrosion ausgelöst wurde. Das fällt in die Kategorie Geräteverschleiß, ist aber nicht die eigentliche Ursache. Die Ursache könnte dann der Einbau von qualitativ, mangelhaften Materials seitens des Herstellers sein. Genauso aber könnte das Relais qualitativ einwandfrei sein, man hat aber eventuell die Anlage bei Umgebungstemperaturen (z. B. zu hoher Luftfeuchte) betrieben, die nicht die Mindestanforderungen (Spezifikation) des Herstellers entspricht. Zusätzlich wäre es in diesem Fall sinnvoll, die Integrität und den Zustand des Relais bei der Wartung regelmäßig zu überprüfen. Als **Korrekturmaßnahme** könnte in diesem Fall der Austausch des Relais nach einem festgelegten Intervall während der regelmäßigen Wartungstätigkeiten sein. Sofern es mehrere ähnliche Abfüllanlagen gibt, in denen der Fehler noch nicht aufgetreten ist, wäre die Definition des regelmäßigen Austauschs der Relais während der Wartung eine **Präventivmaßnahme.** Der Unterschied zwischen Sofort-, Korrektur- und Präventivmaßnahme ist schematisch in Abb. 3.1 dargestellt.

Weitere Beispiele für andere Fachabteilungen sind in Tab. 3.1 zusammengefasst.

Tab. 3.1 Überblick über mögliche Fehler/Abweichungen in verschiedenen Bereichen sowie mögliche Sofort-, Korrektur- und Präventivmaßnahmen

Fachabteilung	Abweichung	Sofort-maßnahme	Korrekturmaßnahme	Präventiv-maßnahme
Qualitätskontrolle	Fehlender Prüfzeitpunkt in Stabilitätsplan	Ergänzung des Prüfzeitpunktes (wenn zeitlich noch umsetzbar)	Einführung zusätzliche Kontrollinstanz vor Genehmigung von Stabilitätsplänen für dieses Produkt Einführung Mustervorlage mit vordefinierten Prüfzeitpunkten	Prüfung der Stabilitätspläne weiterer Produktgruppen, Einführung zusätzliche Kontrollinstanz vor Genehmigung von Stabilitätsplänen für andere Produktgruppen
Qualifizierung	Versäumter Termin für Neubewertung von qualifiziertem Gerät	Sperrung des Geräts Zeitnahe Erstellung der Neubewertung	Unabhängiges Tracking des Qualifizierungsstatus des Geräts bzw. der Geräte der Fachabteilung über den Validierungsmasterplan durch die Qualitätssicherung und frühzeitige Abfrage	Unabhängiges Tracking des Qualifizierungsstatus der Geräte anderer Fachabteilungen über den Validierungsmasterplans durch die Qualitätssicherung und frühzeitige Abfrage
Qualitätssicherung	Verwendung ungültiges Formblatt für die PQR-Erstellung	Keine	Einführen eines elektronischen Dokumenten-management-systems	Einführung von Versionskontrollen für andere Dokumenttypen

Jedes Unternehmen sollte ein funktionsfähiges **CAPA-System** etabliert haben, welches in einer **SOP** beschrieben ist (Power 2020). Auch hier gibt es wieder papierbasierte und elektronische Systeme. Die festgelegten CAPAs werden in der Dokumentation zur **Abweichung** aufgelistet. Es gibt verschiedene Möglichkeiten das CAPA-System zu etablieren. Von einem Formblatt der Abweichungs-SOP, in dem die Maßnahmen eingetragen werden bis hin zu eigenständigen **SOPs** zum **CAPA-Management.** Ein weiterer, nicht zum **Abweichungsmanagement** gehörender Prozess für das CAPA-Management ist sinnvoll, da das Abweichungs-system nicht das einzige Qualitätssystem, in dem Maßnahmen festgelegt werden. Dies erfolgt z. B. auch bei initialen Risikoanalysen zu Geräten oder Prozessen, um identifizierte Risiken unter Kontrolle zu halten (Vogel 2021). Daneben gibt es noch viele andere Quellen von Maßnahmen. z. B. bei erkannten Mängeln im Rahmen von **Selbstinspektionen** oder im **Product Quality Review.** Ein ein-heitliches CAPA-System, quasi eine Art „Sammelbecken" für Maßnahmen aus diversen Qualitätssystemen, hilft dann, den Prozess der Maßnahmendefinition, -zuweisung und -nachverfolgung zu standardisieren. Dabei sind zu verwendende Formblätter zur Dokumentation, Definition von Zuständigkeiten und Fristen und zur Nachverfolgung einheitlich festgelegt.

Weiterhin werden auch bei der **Änderungskontrolle** (engl. Change Control) Maßnahmen definiert, die zur Implementierung der Änderung umzusetzen sind. Ein Beispiel wäre, dass die Drehzahl beim Mischen eines Zwischenprodukts wäh-rend der Formulierung (Zugabe von Zusatzstoffen, Stabilisatoren etc.) gesenkt werden soll, da sich bei maximaler Drehzahl bestimmte gemessene **Qualitäts-attribute** mehrfach im grenzwertigen (aber spezifikationskonformen) Bereich befanden. Dies ist keine Abweichung und da hier eine Verbesserung eines vali-den Zustandes erreicht werden soll, wird das Verfahren der Änderungskontrolle (Change Control) gewählt. Neben der Beschreibung, einer Begründung für die Änderungen und einer **Risikoabschätzung,** die in diesem Fall positiv ausfällt, werden alle notwendigen Maßnahmen festgelegt, die für diese Änderung umge-setzt werden müssen. Dazu zählen dann die Änderung der betreffenden **SOP** oder Herstellungsanweisung, aber auch die Änderung der Zulassung mittels Änderungsanzeige, sofern die Drehzahl in den Zulassungsunterlagen des Pro-dukts (dem sog. Dossier) genannt ist, sowie bspw. die Änderung des Parameters Drehzahl im „Rezept" der Steuerungseinheit des Mischtanks, die Anpassung der (je nach Kategorisierung des Mischtanks) Qualifizierungs-/-Validierungsunterlagen des Mischtanks, eine Schulung der Mitarbeiter bezüglich der Änderung und ggfs. eine **Effektivitätsprüfung** des Change Controls durch Auswertung der betref-fenden Qualitätsattribute nach z. B. 15 Chargen. Allerdings gibt es durchaus strengere Vorgaben wie z. B. in Teil 2 des **EU-GMP-Leitfadens** zu Wirkstoffen, in dem die Bewertung bereits für die erste hergestellte Charge gefordert wird (BMG 2015). Bei Change Control-Verfahren werden die Maßnahmen nicht in **Korrektur-** und **Präventivmaßnahmen** eingeteilt, sondern in **prä-** und **post-Maßnahmen.** Dadurch wird ausgedrückt, ob die genannte Maßnahme vor oder nach der Änderung umgesetzt sein muss. Die Änderung der SOP und des Programms des Mischtanks müssen natürlich vorher (= prä-Maßnahme) erfolgen, die Bewertung des Erfolgs der Änderung (Auswertung der Qualitätsattribute) erst später (= post-Maßnahme), nachdem die Änderung umgesetzt wurde. Letztlich können offene **Change Control-Maßnahmen** im Fall von papierbasierten Systemen aber auch über das **CAPA-System** abgebildet werden.

Unabhängig davon, wie genau das **CAPA-System** etabliert ist, gibt es einige wichtige Informationen, die in der **CAPA** enthalten sein müssen:

- Zuweisung einer eindeutigen CAPA-Nr. als Identifizierungsmerkmal im CAPA-System
- Angabe der Quelle
- Präzise Formulierung der Maßnahme
- Angabe zuständige Fachabteilung und zuständige Person
- Fälligkeitstermin
- Angabe, ob und wie die Effektivitätsprüfung erfolgt

Nachdem eine **CAPA** durch Verwendung einer Vorlage (Formblatt) definiert ist, stellt sich die Frage, wie sichergestellt wird, dass sich die zuständige Person der zugewiesenen CAPA bewusst ist. Bei Verwendung von elektronischen Systemen wird die Person automatisch per Email über die Aufgabe informiert. Daneben erfolgen je nach System vor dem Fälligkeitstermin Erinnerungen. Genauso kann auch bei papierbasierten Systemen agiert werden.

Obwohl diese Liste mit Mindestinformationen relativ einfach und übersichtlich erscheint, gibt es hier auch Fehlerpotenzial. Nehmen wir die Maßnahmenformulierung als Beispiel. Die Angabe „Überarbeitung von SOP XY" ist nicht präzise genug. Die Person, die die Maßnahme auf Basis der **Ursachenanalyse** definiert hat, wird wissen, was damit gemeint ist, aber nicht andere Mitarbeiter. Deswegen sollte hier die genaue Änderung der **SOP** beschrieben sein (Welche Änderung konkret auf welcher Seite, welche Passage). Auch die Zuständigkeit ist eine mögliche Fehlerquelle. Eine Zuweisung zu Gruppen oder Funktionen ist wenig sinnvoll, da es in der menschlichen Natur liegt, dass sich bei unpersönlicher Adressierung letztlich keiner dafür zuständig fühlt und die CAPA nicht fristgerecht umgesetzt wird. Grundsätzlich ist neben den Inhalten auch die Nachverfolgung ein wichtiger Aspekt des **CAPA-Managements,** ähnlich wie beim Abweichungs-Trending (siehe Kap. 4). Gerade im Fall von papierbasierten Systemen muss bei einem komplexen System mit dutzenden und hunderten CAPAs über das Jahr eine ausreichende Kontrolle/Nachverfolgung erfolgen. Die Nachverfolgung der fristgerechten CAPA-Umsetzung erfolgt häufig durch die **Qualitätssicherung.**

Ein effektives und robustes **CAPA-Management** ist allerdings nicht trivial. In diesem Bereich wurden und werden häufig Mängel bei **GMP-Inspektionen** festgestellt, z. B. im Rahmen von sog. Warning Letters der amerikanischen **FDA-Behörde.** Angekreidet werden hierbei u. a. neben ungenügenden **Ursachen-analysen,** auch unvollständige oder unwirksame **CAPAs** oder eine ungenügende Dokumentation der Maßnahmen (ECA 2011; ECA 2020). Es gibt auch Fälle, in denen bei **Abweichungen,** bei denen der Fehler zurückreicht und auch frühere Chargen betrifft (allerdings bei diesen noch nicht festgestellt wurde), eine retrospektive Analyse bezüglich des Einflusses auf die Produktqualität nicht erfolgt (ECA 2020). Als Beispiel könnte man eine mögliche Kontaminationsquelle in der Produktionsanlage nennen, die im Rahmen der Ursachenanalyse nach einem bestätigtem **Out-of-Specification** bei der Sterilitätsprüfung entdeckt wird. Falls in diesem Fall nur CAPAs definiert werden, um die Kontaminationsquelle zu entfernen, bleibt ein Risiko, auch wenn die vorherigen Chargen in der Sterilitätsprüfung unauffällig waren. Eine Sterilitätsprüfung ist, wie zuvor bereits erklärt, letztlich nur eine Stichprobe anhand einiger Einheiten der Charge und gibt für sich alleine genommen keine vollständige Sicherheit.

Trending/Monitoring von Abweichungen

4

Die Dokumentation und Bewertung von **Abweichungen** bilden einen in sich geschlossenen Prozess. Sofern alle Beteiligten (u. a. der Leiter der jeweiligen Fachabteilung und Mitarbeiter der Qualitätssicherung) mit dem Abweichungsbericht (inklusive Beschreibung, Sofortmaßnahmen, Klassifizierung, Ursachenanalyse, Einflussanalyse und Maßnahmen) einverstanden sind und keine limitierenden Beschränkungen (z. B. offene Maßnahmen zur Korrektur des Fehlers bei der betroffenen Charge etc.) vorliegen, kann die Abweichung geschlossen werden. Der Abschluss einer Abweichung ist ein formaler Prozess, der mit den Unterschriften besiegelt (sowie anschließender Archivierung der Originale) ist. Ein Vermerk auf diese Abweichung wird in der betreffenden **Chargendokumentation** gemacht.

In der EU müssen alle Endproduktchargen eines Arzneimittels durch eine sachkundige Person, auch **Qualified Person** genannt, zertifiziert werden, bevor sie vertrieben werden dürfen. Dem Thema der Chargenzertifizierung durch die QP ist ein eigener Annex des EU GMP Leitfadens (Annex 16) gewidmet. Auf Basis der Einhaltung aller verbindlichen Anforderungen (Zulassung und GMP-Grundsätze) wird durch die QP für jede Charge ein **Verwendungsentscheid** (Freigabe bzw. Rückweisung) getroffen. Daher benötigt die QP alle relevanten Informationen zur Fertigung und Prüfung der Charge, also auch Kenntnis von aufgetretenen **Abweichungen.** Es müssen gemäß Annex 16 des EU-GMP-Leitfadens alle laufenden Untersuchungen abgeschlossen sein (BMG 2017). Dazu zählen neben der Analyse von nicht spezifikationskonformen Ergebnissen, die im Annex 16 explizit genannt sind, natürlich auch Abweichungen. Durch das Einfügen (Verweis oder Kopie) der Abweichungen steht der Qualified Person beim Verwendungsentscheid diese Informationen zur Verfügung. Nach Freigabe wird die **Chargendokumentation** archiviert und muss für eine bestimmte Mindestperiode aufbewahrt werden.

P. U. B. Vogel, *Abweichungsmanagement in der pharmazeutischen Industrie*, essentials, https://doi.org/10.1007/978-3-662-66892-4_4

Die in sich geschlossene Bewertung einzelner **Abweichungen** lässt z. B. Aspekte wie eine Häufung von Abweichungen, wiederkehrende Abweichungen etc. außer Acht. Aus diesen und weiteren Gründen ist ein wichtiger Aspekt eine kontinuierliche oder periodische Auswertung der Gesamtsituation bei Abweichungen. Das Vorgehen sollte ebenfalls in einer SOP beschrieben sein (Power 2020). Die Analyse von verschiedenen sog. **Kennzahlen** (Qualitätsmetriken), darunter auch Abweichungen in Form von Beanstandungen bei Produktmängeln, ist auch durch einen Entwurf einer Richtlinie der amerikanischen GMP- und Zulassungsbehörde **FDA** beschrieben (FDA 2016). Für dieses Trending gibt es verschiedene Ansätze, von einer kontinuierlichen Überwachung, über regelmäßige Auswertungen in Form von **Trendanalyse-Berichten** (z. B. alle 3 Monate), bis hin zur Übersicht aller Abweichungen innerhalb eines Kalenderjahrs im sog. **Product _Quality_ Review** (PQR). Im PQR finden sich alle qualitäts- und zulassungsrelevanten Daten zu einem bestimmten Produkt. Hier finden sich Angaben, wie viele Chargen gefertigt wurden, wie viele hiervon freigegeben bzw. gesperrt wurden, ob die verwendeten Geräte und das ausführende Personal qualifiziert waren, ob Computersysteme und Herstellungsprozesse validiert waren. Weiterhin werden Anzahl und Art von **Out-of-Specification** (OOS)-Resultaten aufgelistet. OOS-Resultate sind Ergebnisse z. B. bei der Produktprüfung, die nicht der Spezifikation entsprechen (Vogel 2020a). OOS-Resultate beziehen sich also auf Eigenschaften des Produkts, wodurch sie von Abweichungen abgegrenzt werden, bei denen es um Nichteinhaltung von Vorgaben geht. OOS-Ergebnisse werden ähnlich wie Abweichungen über einen schrittweisen Prozess untersucht (MHRA 2018), können aber trotz der Unterschiede als Spezialform einer Abweichung angesehen werden. Zudem werden die Ergebnisse der **ongoing Stabilitäten** bewertet. Daneben sind weitere qualitätsrelevante Ereignisse enthalten, in der Betrachtungsperiode aufgetreten sind. Hierzu zählen Change Controls, aber auch eine Liste aller aufgetretenen Abweichungen sowie Zulassungsstatus und -änderungen. Daneben werden auch mögliche Beanstandungen durch Kunden und in seltenen Fällen Rückrufe abgebildet. Der PQR bildet somit eine Gesamtübersicht und -bewertung der Qualität des Produkts in der betrachteten Periode. Aus diesem Grund eignet sich der PQR auch zur ganzheitlichen Bewertung der aufgetretenden Abweichungen. Gibt es saisonale Häufungen oder Häufungen bei bestimmten Prozessen/Geräten, wie ist die Verteilung der Klassifizierung (minor, major, critical) dieser Abweichungen, wurden Chargen aufgrund von Abweichungen zurückgewiesen, zeichnen sich positive oder negative Entwicklungen ab?

Unabhängig von der gewählten Form liegt die Zuständigkeit dieser Überwachung bei der **Qualitätssicherung.** Die Entscheidung, in welcher Form

Tab. 4.1 Vor- und Nachteile von verschiedenen Formen des Trendings von Abweichungen

Form	Vorteile	Nachteile
Kontinuierliche Trendanalyse	• Frühzeitige Erkennung von negativen Entwicklungen • Sehr schnelles Eingreifen möglich	• Hoher Arbeitsaufwand • Geringe Datenbasis
Periodische Trendanalyse	• Relativ frühzeitige Erkennung von negativen Entwicklungen	• Moderater Arbeitsaufwand
PQR	• Bewertung aller Abweichungen mit Bezug zu einem bestimmten Produkt	Geringster Arbeitsaufwand Späte Erkennung von negativen Entwicklungen

dieses Trending erfolgt bzw. in dem jeweiligen Unternehmen etabliert ist, hängt von diversen Faktoren ab. Faktoren, die die Auswahl der gewählten Strategie beeinflussen, sind z. B. die Personalkapazität, aber auch die Historie des **Abweichungsmanagements** sowie Effizienz- und Kostengründe. Eine kontinuierliche Überwachung kann z. B. mithilfe einer validierten Software etabliert sein, die die Anzahl, Klassifizierung, Zuordnung je nach Fachbereich, fristgerechtem Abschluss, Ursachengruppen (z. B. individuelle Fehler, Dokumentenfehler, technische Fehler etc.) in Form von Tabellen und grafischen Darstellung präsentiert. **Periodische Trendanalyse-Berichte** sind häufig eigenständige Dokumente, die nach festgelegter inhaltlicher Struktur und in sog. Vorlagen-Dokumenten erstellt werden und ebenfalls eine Übersicht über die wichtigsten Kennzahlen der **Abweichungen** beinhalten, sich aber nur auf Abweichungen beziehen. Beim **PQR** sollte bedacht werden, dass dieser sich nur auf ein Produkt (ggfs. in verschiedenen Darreichungsformen) bezieht. Aus diesem Grund stellt die Auflistung und ganzheitliche Bewertung der Abweichungen keine vollständige Abbildung der Gesamtsituation in der Firma dar, es sei denn, es gibt nur ein Produkt. Die jeweiligen Vor- und Nachteile sind in Tab. 4.1 zusammengefasst. Es gibt beim Trending aber auch Mischformen, z. B. periodische Trendanalyse-Berichte sowie eine Darstellung und Bewertung im Rahmen des PQRs.

Ein Beispiel für eine einfache Auswertung ist in Abb. 4.1 gezeigt. Obwohl es gewöhnlich noch mehr Abteilungen/Gruppen gibt, sind hier der Einfachheit halber 4 Fachabteilungen dargestellt. Die **Abweichungen,** die in diesen 4 Fachabteilungen aufgetreten sind, sind hier nach dem Monat des Auftretens sortiert. Nehmen wir uns ein wenig Zeit und überlegen, was uns das Dargestellte zeigt. Welche Schlüsse können wir ziehen?

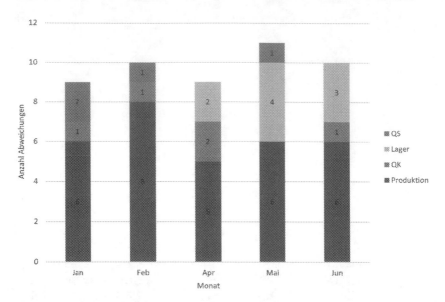

Abb. 4.1 Darstellung der Abweichungen pro Fachabteilung und Monat (QS: Qualitätssicherung; QK: Qualitätskontrolle)

Es lässt sich die Gesamtzahl der Abweichungen über die Monate erkennen und in welcher Abteilung **Abweichungen** schwerpunktmäßig bzw. nur sporadisch auftreten sind. D. h., dass die Abbildung die Gesamtzahl und Verteilung auf die verschiedenen Fachabteilungen visualisiert. In diesem Fall treten am meisten Abweichungen bei der Herstellung der Produkte auf. In anderen Fachabteilungen werden ebenfalls Abweichungen dokumentiert, jedoch mit geringerer Häufigkeit. Im Bereich Lager zeigt sich allerdings eine ungewöhnliche Häufung in den letzten drei dargestellten Monaten (Abb. 4.1).

Für Unternehmen, die noch kein echtes **Monitoring** betreiben, ist diese Darstellung schon ein Schritt in die richtige Richtung, allerdings erlaubt eine solche Auswertung nur äußerst begrenzte Aussagen. An diesen Daten lässt sich z. B. nicht erkennen, wie viele davon **wiederholte Abweichungen** darstellen, also erneut aufgetreten sind. Weiterhin lässt sich die **Klassifizierung** der Abweichungen nicht erkennen, d. h. die Frage wie schwerwiegend die Abweichungen waren, bleibt offen. Auch über die **Ursachen** lässt sich durch so eine Darstellung keine Aussage treffen.

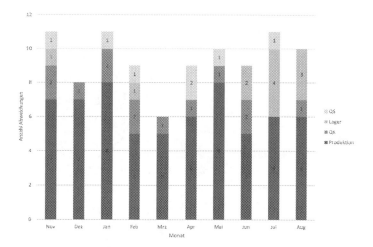

Abb. 4.2 Szenario A: Kontinuität bei Anzahl und Verteilung von Abweichungen (QS: Qualitätssicherung; QK: Qualitätskontrolle)

Eine wichtige Einschränkung ist weiterhin, dass sich das **Trending** auf eine Periode von 5 Monaten beschränkt. Der vorherige Zeitraum bzw. der vergleichbare Zeitraum des Vorjahres sind hierbei nicht dargestellt. Dies ist wichtig, um über etwaige Entwicklungen über einen längeren Zeitraum Aussagen treffen zu können. Bei Ergänzung der Vorperiode lässt sich einfach anhand von zwei Szenarien (Szenario A in Abb. 4.2 und Szenario B in Abb. 4.3) erkennen, welche Vorteile sich hierdurch ergeben. Im ersten Fall wird deutlich, dass sich die Gesamtzahlen und die Verteilung nicht deutlich von der Vorperiode unterscheidet (Abb. 4.2). Die durchschnittliche Gesamtanzahl pro Monat kann ohne Kenntnis des Unternehmens nicht per se in gut oder schlecht kategorisiert werden, da die Gesamtzahl von **Abweichungen** von vielen Faktoren abhängig ist, u. a. der Größe des Betriebs, der Anzahl der Produkte, der Güte des **Qualitätsmanagementsystems** etc. Sofern wir aber annehmen, dass die Gesamtzahlen der Vorperiode bereits als unbedenklich beurteilt wurden, dann deuten die neuen Daten auf Kontinuität und zeigen keine besorgniserregende Entwicklung. Wie schon zuvor bei der kürzeren Betrachtungsperiode von 5 Monaten (Abb. 4.1), bestätigt sich hier, dass die Anzahl der Abweichungen im Lager in den letzten 3 dargestellten Monaten ungewöhnlich hoch ist, da hier vorher nur sporadisch Abweichungen aufgetreten sind (Abb. 4.2). Hier muss allerdings wieder die Einschränkung erwähnt werden, dass keine weiteren Detailaussagen möglich sind.

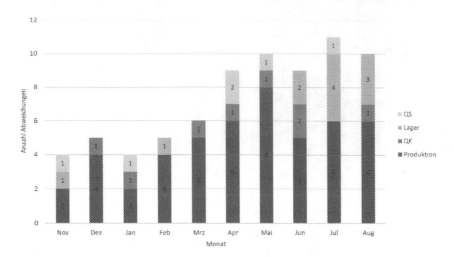

Abb. 4.3 Szenario B: Allmählicher Anstieg der Anzahl und Verteilung von Abweichungen (QS: Qualitätssicherung; QK: Qualitätskontrolle)

Im Szenario B lässt sich ein Anstieg der Anzahl von **Abweichungen** über die Zeit erkennen. Durchschnittlich treten in den letzten 5 Monaten doppelt so viele Abweichungen auf als in den 5 Monaten zuvor (Abb. 4.3).

Zu welchem Schluss kommt der Leser bei dieser Entwicklung? Sehen wir hier zwangsläufig eine Verschlechterung der Prozesse? Ist der Anstieg eindeutig oder sehen wir eventuell nur zufällige Effekte?

Die Antwort auf die obige Frage ist gar nicht so leicht und wir können diese ohne weitere Kenntnis des Unternehmens und seiner Prozesse nicht treffen. Grundsätzlich spielen viele Faktoren bei der Interpretation von Trends eine Rolle. Hierzu zählt z. B. die **Produktionsauslastung** über das Jahr. Gibt es Phasen von niedriger bzw. höherer Auslastung oder ist die Auslastung über das Jahr relativ konstant? Hinzu kommen **Wartungsperioden,** in denen die Anlagen stillstehen und Wartungsaktivitäten- und ggfs. Requalifizierungen laufen. In diesen Perioden kann die Anzahl von Abweichungen niedriger ausfallen.

Diese Informationen sollten zur Verfügung stehen. Im Idealfall wird die Abbildung nochmals erweitert, da hier z. B. kein volles Kalenderjahr abgebildet ist und auch nicht die gleiche Periode des Vorjahres. Allerdings erlaubt uns das Trending diese Entwicklung zu erkennen und ggfs. eine **Ursachenanalyse** zu initiieren.

Es gibt weitere Gründe, warum nicht jeder Anstieg in der Anzahl von **Abweichungen** eine negative Entwicklung der **qualitätsrelevanten Prozesse** bedeutet. Der Anstieg könnte z. B. durch logisch nachvollziehbare, aber positive Änderungen im Unternehmen verursacht werden. Zum Beispiel die Ausweitung der bestehenden **Produktionskapazitäten** durch Qualifizierung neuer Abfülllinien. Bei der Abfüllung von z. B. doppelt so vielen Chargen des Produkts ist logischerweise auch mit mehr Abweichungen zu rechnen. Genauso könnte der Produktionsstart nach Markteinführung neuer Produkte zu einem Anstieg der Gesamtzahl von Abweichungen führen. Daneben kann auch ein allgemein höheres **Qualitätsbewusstsein** der Mitarbeiter im Unternehmen (z. B. durch Schulungsinitiativen nach Behördeninspektionen oder bei Übernahmen durch größere Unternehmen und anschließender Anhebung der Qualitätsstandards) zu einer höheren Anzahl führen. In solchen Fällen treten nicht mehr Abweichungen als zuvor auf, sondern es werden durch das gesteigerte Qualitätsbewusstsein auch Vorfälle, die vorher nicht gemeldet wurden, als Abweichungen behandelt, also quasi die vorherige Dunkelziffer plötzlich sichtbar anhand eines Anstiegs der monatlichen Abweichungen. Halten wir fest: Die Feststellung, dass sich etwas verändert, bedeutet nicht immer, dass es sich um eine negative Entwicklung handelt. Es zeigt sich aber der Vorteil eines groben und wenig detailreichen **Trendings**. Ohne dieses Trending hätten wir die Entwicklung (Anstieg der Anzahl von Abweichungen) ggfs. übersehen.

Neben rein logisch erklärbaren Gründen gibt es Ursachen, die auf einen Mangelzustand hindeuten. Das verstärkte Auftreten von **Abweichungen** kann aber auch auf sich verschlechternde Prozesse zurückzuführen sein und damit auf Mangelzustände hinweisen. Die Gründe hierfür können sehr variabel sein:

1. Umstrukturierungen innerhalb der Firma
2. Allmählicher Verschleiß von Produktionsanlagen und zu geringe Investitionen bei der Wartung bzw. Instandhaltung
3. Personalreduktion zur Kosteneinsparung
4. Abnehmender Einfluss/Bedeutung der Qualitätssicherung
5. Dauerhafte Überlastung von Mitarbeitern

Aufgrund dieser potenziell negativen Entwicklungen ist die Überwachung des Status des **Abweichungssystems** wichtig. Diese negativen Entwicklungen lassen sich zunächst schwer quantifizieren, können aber über bestimmte Indikatoren erkannt werden, zu denen auch die Auswertung von **Abweichungen** zählt.

Eine zunehmende Überlastung der verbliebenden Arbeitskräfte nach einer Sanierungsrunde (Umstrukturierung mit Stellenabbau) kann sich in der Folge in Form einer Häufung von Abweichungen zeigen. Aufgrund der Überlastung werden z. B. bestehende Prozesse nicht mehr vollständig oder mit der nötigen Sorgfalt ausgeführt.

Es gibt diverse Aspekte, die sich als sog. **Kennzahl** eignen, um ein **Trending** von Abweichungen durchzuführen:

- Gesamtanzahl pro Monat oder Periode
- Anzahl pro Abteilung
- Anzahl fristgerecht abgeschlossener Abweichungen
- Anzahl überfälliger Abweichungen
- Durchschnittliche Bearbeitungszeit
- Verhältnis von minor/major/critical Abweichungen
- Anzahl Abweichungen/Charge
- Verteilung auf verschiedene Ursachenkategorien
- Anzahl/Prozentsatz von wiederholten/wiederkehrenden Abweichungen
- Effektivität der Maßnahmen
- Prozentzahl von Abweichungen, die zur Rückweisung von Chargen geführt haben

Die Auswahl dieser oder auch weiterer **Kennzahlen** sollte in jedem Fall sinnvoll getroffen werden. Hierbei ist das Trending nicht notwendigerweise auf eine visuelle Darstellung und Bewertung von etwaigen Trends beschränkt. Es können auch andere Methoden genutzt werden, z. B. ein eigens etabliertes Scoring-System, dass die Grundkennzahlen zu unterschiedlichen Anteilen berücksichtigt oder auch statistische Methoden. Der Trendtest nach Neumann ist z. B. in anderen Bereichen ein bewährtes statistisches Verfahren zur objektiveren Bewertung von Veränderungen, dass auf Zahlenwerte angewendet werden kann. Auch Regelkarten sind möglich, bei denen ausgehend von einem bekannten Mittelwert Grenzwerte auf Basis der historischen Variabilität berechnet werden, die zur Bewertung herangezogen werden können (Vogel 2020c).

Diese bzw. eine Auswahl dieser Aspekte oder weitere werden für die betreffende Periode ausgewertet in dem jeweiligen **Trendanalysebericht** zusammenfassend dargestellt. Auf Basis des Trendanalyse-Berichts ist es denkbar, dass zusätzliche **Maßnahmen** definiert werden, sofern sich eine Verschlechterung der Gesamtsituation abzeichnet. Was bedeuten z. B. zusätzliche Maßnahmen in diesem Zusammenhang? Im Fall der vorausgegangenen Personalreduktion zur Kostenkontrolle wäre eine Maßnahme, einzelne wichtige Positionen wieder zu besetzen, indem von der Fachabteilung der Nachweis erbracht wird, dass die Arbeitszeit der bestehenden Mitarbeiter nicht ausreicht, um die täglichen

Routine-Aufgaben zu bewältigen. Diese Entscheidung kann nicht einfach so in den Trendanalysen-Bericht getroffen werden. Sofern aber die zugrundeliegenden Ursachen klar identifiziert und dokumentiert werden und die Wiederbesetzung einzelner Stellen als Maßnahme empfohlen wird, gibt es eine objektive Grundlage, auf derer die Geschäftsleitung eine Entscheidung treffen kann. Ein anderer Fall ist die in Abb. 4.3 erkennbare Zunahme der Abweichungen im Lager. Grundsätzlich sind mehrere Fehlerquellen denkbar, von einer fehlerhaften Kennzeichnung des Status von Behältern (Quarantäne bzw. freigegeben), über Beprobungsfehler für analytische Zwecke, bis hin zu Dokumentationsfehlern (z. B. Verwendung eines ungültigen Formblatts zur Dokumentation des Wareneingangs). In diesem Fall könnte eine übergreifende Analyse der Ursache ergeben, dass alle Abweichungen die spezifizierten Lagerungsbedingungen betreffen (z. B. Temperatur oder Luftfeuchtigkeit). Weiterhin nehmen wir an, dass die Untersuchung ergibt, dass grundsätzlich in den Sommermonaten gehäuft **Abweichungen** auftreten. d. h. auch in den Jahren zuvor. Dann würde z. B. eine Korrelation der festgestellten Abweichungen zur Außentemperatur/-luftfeuchtigkeit Sinn ergeben. Eventuell zeigt sich, dass der Zeitpunkt der Abweichungen mit extremen Spitzen in den Außenbedingungen korrelieren. Das bedeutet, dass sich die Klimatisierung auf die festgelegte Lagertemperatur (z. B. 15–25 °C) bzw. Luftfeuchtigkeit bei extremen Außenbedingungen nicht aufrechterhalten werden kann. Die Tatsachen, dass dies vorher nicht thematisiert wurde, könnte daran liegen, dass das Personal z. B. die Räumlichkeiten samt Technik als gegeben ansehen und die Abweichungen mit Verweis auf risikominierende Faktoren (z. B. nur kurzfristige Einwirkung erhöhter Temperaturen oder Einhaltung der durchschnittlichen kinetischen Temperatur über die Lagerzeit) immer wieder als geringes Risiko einstufen. Hier sollte anstatt einer wiederkehrenden Risikobetrachtung über sinnvolle **CAPAs** nachgedacht werden, d. h. z. B. über bauliche/räumliche Änderungen oder die Anschaffung einer leistungsstärkeren Klimaanlage, um auch unter Extrembedingungen die spezifizierten Lagerungsbedingungen einhalten zu können.

Zusammenfassung und Bedeutung des Abweichungsmanagements

Das **Abweichungsmanagement** ist ein zentrales **Qualitätssystem** von pharmazeutischen Unternehmen, dessen Verwaltung im Zuständigkeitsbereich der **Qualitätssicherung** liegt. Ganz gleich, ob das Abweichungsmanagement mittels papierbasierter oder elektronische Systeme durchgeführt und dokumentiert wird, gibt es wichtige Kernelemente des Bearbeitungsprozesses von **Abweichungen,** die mit ausreichender Sorgfalt durchgeführt werden müssen. Dazu zählt eine vollständige und nachvollziehbare Beschreibung, damit auch fachfremden Personen verständlich wird, was genau wann, wo, wie und wem passiert ist. Zusätzlich sollte die **Risikobewertung** eindeutig einen Schluss erlauben, ob von dieser Abweichung ein Risiko für die **Produktqualität** oder den Patienten ausgeht oder nicht. Die dazugehörige **Ursachenanalyse** hat eine wichtige Bedeutung, da ansonsten der gleiche Fehler wieder und wieder auftritt. Sofern die initiale Bewertung die Abweichung als vernachlässigbar bzw. ohne Risiko einstufte, mag es dem durchführenden Personal hier und da als unwichtig erscheinen, da es bei erneutem Auftreten der Abweichung nur etwas mehr Dokumentationsaufwand bedeutet, der quasi per Copy-und-Paste aus der ersten Abweichungsbericht entnommen wird. Aus **Qualitätssicht** verhält es sich da ganz anders, da sich hierdurch das Unvermögen von Unternehmen zeigt, auf wiederholt auftretende Abweichungen angemessen zu reagieren. Das legt grundsätzlich bei gehäuftem Auftreten Defizite im **pharmazeutischen Qualitätssystem** offen und wird durchaus als erheblicher Mangel während Inspektionen festgehalten.

Deswegen sollten so oft wie möglich **Effektivitätschecks** definiert werden, um die Effektivität von Maßnahmen bewerten zu können. Diese Überprüfung erfolgt dann je nach Festlegung nach einer Periode z. B. von 3 oder 6 Monaten nach den definierten Kriterien. Häufig wird geprüft, ob der gleiche Fehler erneut aufgetreten ist. Bei Effektivitätschecks stellt sich bei Vorliegen von systematischen Fehlerquellen heraus, dass nach Maßnahmenumsetzung die gleiche

P. U. B. Vogel, *Abweichungsmanagement in der pharmazeutischen Industrie*, essentials, https://doi.org/10.1007/978-3-662-66892-4_5

Abweichung erneut auftritt. Dies ist ein Zeichen dafür, dass die **Ursachenanalyse** ungenügend bzw. unvollständig war und die daraus abgeleiteten Maßnahmen entweder nur teilweise wirksam oder gar unwirksam waren. In diesem Fall macht die wiederholte Durchführung der Maßnahme, z. B. erneute Schulung des Personals wenig Sinn. Stattdessen sollte die Ursachenanalyse ausgeweitet werden, um die wahre Ursache, die vielleicht aufgrund fehlender Information zunächst im Dunkeln blieb, zu finden. Dazu kann es auch ratsam sein, Spezialisten anderer Fachabteilungen hinzuzuziehen, die sich nicht speziell mit dem Prozess, aber mit Ursachenanalysen auskennen. Das hat den Vorteil, dass diese meist unvoreingenommen an den Sachverhalt herangehen und nicht „betriebsblind" sind, d. h. nicht vorher selektiv bestimmte mögliche Ursachen ausschließen.

Abweichungen sind jedoch nicht per se ein Hinweis auf ein schlechtes **Qualitätssystem.** Die Herstellung eines pharmazeutischen Produkts ist ein langwieriger Prozess, der sich über Wochen und Monate erstrecken kann. Dutzende Arbeitsanweisungen werden in dieser Zeit von Personal ausgeführt. Jede dieser Tätigkeiten ist wiederum ein mehrstufiger Prozess, bestehend aus einigen bis hin zu hunderten von Einzelschritten. Aufgrund der Natur komplexer Abläufe, der Einbindung von externen Lieferanten, eine Vielzahl von Geräten und Anlagen und der Ausführung der Prozesse durch Personal ist das Auftreten von Abweichungen grundsätzlich nicht völlig zu verhindern und durchaus „normal". D. h. Abweichungen weisen in einigen Fällen auf Fehler oder Schlupflöcher hin, die noch im System stecken und behoben werden sollten.

Fehler müssen sich nicht immer als Abweichung bemerkbar machen. Im Rahmen von grundlegenden **Risikoanalysen** zu dem bestimmten Prozess (z. B. Risikoanalyse für Geräte, Methoden, Prozesse) sollten mögliche Fehler vorab identifiziert und durch geeignete Kontrollmaßnahmen adressiert werden (Vogel 2021). Zusätzlich gibt es im Unternehmen weitere Qualitätsprozesse, z. B. **Selbstinspektionen.** Hierbei prüfen kompetente Vertreter bestimmte Prozesse verschiedener Fachabteilungen. Mängel, die im Rahmen von Risikoanalysen oder Selbstinspektionen festgestellt werden, sollten ebenfalls durch **CAPAs** abgestellt werden. Letztlich ist es immer empfehlenswert, mögliche Fehler vor dem Auftreten festzustellen und zu eliminieren.

Die wichtigen Kernelemente, **Beschreibung des Vorfalls, Klassifizierung** und **Risikobewertung** dienen dazu, eine Entscheidung darüber zu treffen, ob eine Freigabe der gefertigten Charge trotz dieser **Abweichung** gerechtfertigt ist. Weitere Kernelemente wie die **Ursachenanalyse** und die **Festlegung von Maßnahmen** zielen darauf ab, den betroffenen Prozess zukünftig noch robuster und zuverlässiger zu machen, indem die Fehlerquelle abgestellt wird, sowie ggfs. das Auftreten in anderen Prozessen verhindert wird. Wichtig für das gewissenhafte

„Leben" dieses Qualitätssystems ist ein gut aufgestelltes **Qualitätsmanagementsystem** und ein hohes **Qualitätsbewusstsein** der beteiligten Mitarbeiter. Dies sollte von der Geschäftsführung unterstützt und eingefordert werden. Die absolute Anzahl von Abweichungen ist nur bedingt ein Maß zum Vergleich von Unternehmen. Das hängt von der Anzahl der Produkte und Prozesse, der Komplexität der Herstellung, aber auch vom Qualitätsbewusstsein der Mitarbeiter ab.

Letztlich sind das **Abweichungs- und Änderungsmanagement** zwei **Qualitätssysteme,** die quasi diametral zueinander ansetzen. Bei der Änderungskontrolle ist vorher bekannt, was geändert werden soll (z. B. zur Verbesserung) bzw. was notgedrungen geändert werden muss (z. B. Änderung des Lieferanten aufgrund Produkteinstellung des qualifizierten Lieferanten oder eine behördliche geforderte Änderung). Hierdurch besteht die Möglichkeit, antizipatorisch mögliche Risiken im Vorfeld zu identifizieren und zu bewerten. Da einige Änderungen auch regulatorische Relevanz haben, erfolgt hier eine Änderung der Zulassung. **Abweichungen** hingegen treten unerwartet auf und die Risiken müssen nachträglich bewertet werden. Man kann als „Daumenregel" festhalten, die Änderungskontrolle sollte genutzt werden, wenn ich aus einem validen Zustand heraus eine Änderung anstrebe. Sofern die gleiche Änderung aufgrund eines Fehlers notwendig ist, sollte dies über den **Maßnahmenkatalog** der Abweichung definiert werden. Das Verständnis dieser Unterscheidung ist auch wichtig, da die teilweise praktizierte Behandlung von **geplanten Änderungen** als Abweichung nicht existieren sollte (Schniepp und Lynn 2021).

Es gibt einige limitierende Faktoren bei der **Risikobewertung,** da nicht jede Abweichung akkurat quantifiziert werden kann. Häufig muss eine Risikoabschätzung erfolgen, ohne dass belastbare Prozessdaten zur Verfügung stehen. Letzteres wäre zwar ideal, würde aber häufig nicht praktikabel sein. Wer jeden Parameter des Prozesses mit einer ausreichenden Zahl von Testungen untersucht, wird Jahre damit verbringen. Aus diesem Grund ist es üblich, kritische **Prozessschritte bzw. -parameter** (CPP; Abkürzung für den englischen Begriff Critical Process Parameter) und **kritische Qualitätsattribute** (CQA; Abkürzung für den englischen Begriff Critical Quality Attribute) festzulegen. Abweichungen, die sich auf diese kritischen Parameter bzw. Attribute auswirken, haben tendenziell ein höheres Risiko die **Produktqualität** zu gefährden.

Die Gesamtsituation bei **Abweichungen** sollte kontinuierlich oder periodisch analysiert werden. Dieses **Trending/Monitoring** hilft, frühzeitig Veränderungen feststellen zu können. Diese Veränderungen können logisch nachvollziehbare Gründe haben (z. B. Erhöhung der Produktionskapazität), aber auch auf kritische Mangelzustände hinweisen. In diesen Fällen hilft das Monitoring, geeignete Gegenmaßnahmen einleiten zu können, sofern nötig.

Die Mängel, die bei **Inspektionen** festgestellt werden, beziehen sich häufig auf eine ungenügende Durchführung von Ursachenanalysen und dem Fehlen von **CAPAs.** In dem stressigen Arbeitsalltag stellt man sich die Frage. Soll ich wirklich jede Menge Zeit und Energie in die Analyse einer **Abweichung** stecken, die nachweislich kein großes Risiko für die **Produktqualität** darstellt? Hinter dieser Einstellung steckt die Hoffnung, dass es sich um ein singuläres Ereignis handelte und man hofft darauf, dass sich der Fehler nicht wiederholt. Die Abläufe im Qualitätsumfeld sollten aber nicht von „Hoffnung" abhängig sein, sondern ausreichend kontrolliert werden. Und zu dieser Kontrolle gehört es auch zu verstehen, warum Abweichungen auftreten. Nur in diesem Fall besteht die Möglichkeit, geeignete **Maßnahmen** ableiten zu können, um den Fehler effektiv abzustellen oder zumindest die Wahrscheinlichkeit des erneuten Auftretens zu minieren.

Was Sie aus diesem *essential* mitnehmen können?

- Das Abweichungsmanagement ist ein wesentliches Qualitätssystem, dass zur Qualitätssicherung von Arzneimitteln beiträgt
- Jede auftretende Abweichung von festgelegten Prozeduren muss dokumentiert und bewertet werden
- Die Kernelemente des Abweichungsmanagement sind Beschreibung/Dokumentation, ggfs. Sofortmaßnahmen, Ursachenanalyse, Risikobewertung
- Auf Basis der Ursachenanalyse sollten geeignete Maßnahmen, sog. CAPAs festgelegt werden, um ein erneutes Auftreten zu verhindern
- Kritische Abweichungen stellen ein hohes Risiko für den Verbraucher dar und führen häufig zur Vernichtung der Produktcharge
- Ein kontinuierliches Trending/Monitoring sollte etabliert sein, um die Entwicklung wesentlicher Kennzahlen zu verfolgen und ggfs. bei negativen Entwicklungen eingreifen bzw. gegenregulieren zu können

Literatur

Ahmed B (2022) Deviations in the pharmaceutical industry. https://emmainternational.com/deviations-in-the-pharmaceutical-industry/. Zugegriffen am 15.11.2022

Blasius (2015) Behördliche Überwachung Welche Behörden sind für die Arzneimittelüberwachung zuständig? DAZ Nr. 8, Seite 62. https://www.deutsche-apotheker-zeitung.de/daz-az/2015/daz-8-2015/behoerdliche-ueberwachung. Zugegriffen am 09.04.2022

BMG (2015) EudraLex, Teil II: Grundlegende Anforderungen für Wirkstoffe zur Verwendung als Ausgangsstoffe. https://www.bundesgesundheitsministerium.de/fileadmin/Dateien/3_Downloads/Statistiken/GKV/Bekanntmachungen/GMP-Leitfaden/GMP-Leitfaden2.pdf. Zugegriffen am 20.11.2022

BMG (2017) Annex 16 zum EU Leitfaden der Guten Herstellungspraxis Zertifizierung durch eine sachkundige Person und Chargenfreigabe. https://www.bundesgesundheitsministerium.de/fileadmin/Dateien/3_Downloads/Statistiken/GKV/Bekanntmachungen/GMP-Leitfaden/GMP-Anhang16.pdf. Zugegriffen am 23.06.2022

BMG (2020) EU-GMP Leitfaden. https://www.bundesgesundheitsministerium.de/service/gesetze-und-verordnungen/bekanntmachungen.html#c3448. Zugegriffen am 14.05.2022

Chemginecring Technology GmbH (2012) Abweichungsmanagement steigert Prozesssicherheit. https://www.chemanager-online.com/themen/reinraumtechnik/abweichungsmanagement-steigert-prozesssicherheit. Zugegriffen am 01.12.2022

EC (2008) Annex 1 Manufacture of sterile medicinal products. https://ec.europa.eu/health/sites/default/files/files/eudralex/vol-4/2008_11_25_gmp-an1_en.pdf. Zugegriffen am 22.06.2021

EC (2013) Guidelines of 5 November 2013 on Good Distribution Practice of medicinal products for human use. https://eur-lex.europa.eu/LexUriServ/LexUriServ.do?uri=OJ:C:2013:343:0001:0014:EN:PDF. Zugegriffen am 22.06.2021

EC (2021) Chapter 9 Self inspection. https://ec.europa.eu/health/sites/default/files/files/eudralex/vol-4/pdfs-en/cap9_en.pdf. Zugegriffen am 27.06.2021

ECA (2011) CAPA among the most frequent GMP deviations cited by FDA warning letters. https://www.gmp-compliance.org/gmp-news/capa-among-the-most-frequent-gmp-deviations-cited-in-fda-warning-letters. Zugegriffen am 14.11.2022

ECA (2020) Inadequate CAPAs once more in the focus of FDA warning letters. https://www.gmp-compliance.org/gmp-news/inadequate-capas-once-more-in-the-focus-of-fda-warning-letters. Zugegriffen am 14.11.2022

P. U. B. Vogel, *Abweichungsmanagement in der pharmazeutischen Industrie*, essentials, https://doi.org/10.1007/978-3-662-66892-4

ECA (2021) GMP: Are there „planned" Deviations? https://www.gmp-compliance.org/gmp-news/gmp-are-there-planned-deviations. Zugegriffen am 26.12.2022

FDA (2006) Guidance for Industry Quality Systems Approach to Pharmaceutical CGMP Regulations. https://www.fda.gov/media/71023/download. Zugegriffen: 06.05.2022

FDA (2013) Root cause analysis for drugmakers. https://www.fdanews.com/ext/resources/files/archives/10113-01/Root%20Cause%20Analysis%20for%20Drugmakers-ExecSe ries.pdf. Zugegriffen am 08.11.2022

FDA (2016) Submission of Quality Metrics Data Guidance for Industry. https://www.fda.gov/media/93012/download. Zugegriffen am 25.12.2022

ICH (2005) Quality Risk Management Q9. https://database.ich.org/sites/default/files/Q9%20Guideline.pdf. Zugegriffen am 27.04.2022

ISO (2016) ISO 13485 – Quality management for medical devices. https://www.iso.org/pub lication/PUB100377.html. Zugegriffen am 20.06.2022

Kern FT, Schneider L (2020) Kritikalitätseinstufungen von Abweichungen. In GMP-Verlag, LOGFILE Leitartikel 40/2020. https://www.gmp-verlag.de/content/de/gmp-news-uebers icht/gmp-newsletter/gmp-logfile-leitartikel/d/1502/gmp-logfile-40-2020-kritikalitaetse instufungen-von-abweichungen#:~:text=Die%20Guidance%20unterscheidet%20drei%20Klassen,%E2%80%9C%20und%20%E2%80%9EOther%20Deficiency%E2%80%9D.&text=Die%20kritische%20Abweichung%20resultiert%20in,ein%20signifikantes%20Risiko%20hierf%C3%BCr%20darstellt. Zugegriffen am 23.11.2022

Kumar DVSH, Gangadharappa HV, Gowra MP (2020) Handling of pharmaceutical devia-tions: A detailed case study. Indian J Pharm Sci 2020;82(6):928–944. https://www.ijp sonline.com/articles/handling-of-pharmaceutical-deviations-a-detailed-case-study-4046.html. Zugegriffen am 09.12.2022

Locwin B (2018) When to use the fishbone diagram ... and why you should do it more often than you think. Pharmaceutical online. https://www.pharmaceuticalonline.com/doc/when-to-use-a-fishbone-diagram-and-why-you-should-do-it-more-often-than-you-think-0001. Zugegriffen am 20.06.2022

MHRA (2018) Out of Specification Guidance. https://mhrainspectorate.blog.gov.uk/2018/03/02/out-of-specification-guidance/. Zugegriffen: 22.11.2022

Mitchell M (2013) Determining Criticality-Process Parameters and Quality Attributes Part I: Criticality as a Continuum. BioPharm International 12.01.2013, Volume 26, Issue 12. https://www.biopharminternational.com/view/determining-criticality-process-parame ters-and-quality-attributes-part-i-criticality-continuum. Zugegriffen am 11.04.2022.

Patel KT, Chotai NP (2011) Documentation and records: Harmonized GMP requirements. J Young Pharm 3:138–150; https://doi.org/10.4103/0975-1483.80303

PIC/S (2019) PIC/S Guidance on classification of GMP deficiencies. https://picscheme.org/docview/2303. Zugegriffen am 08.11.2022

Power S (2020) General guidance on pharmceutical deviation management. https://www.gmpsop.com/general-guidance-on-pharmaceutical-deviation-management/. Zugegriffen am 02.11.2022

Schniepp SJ, Lynn SJ (2021) Frequently asked questions on deviations. Pharm Tech Volume 45, Issue 4, Pages 65–66. https://www.pharmtech.com/view/frequently-asked-questions-on-deviations. Zugegriffen am 08.04.2022

Schraut B (2011) Bearbeitung von Abweichungen – Checkliste. AG7_Bearbeitung_von_Abweichungen_-_Checkliste_Stand_23.11.2010%20(7).pdf. Zugegriffen am 12.12.2022

Tableau (2022) Die Ursachenanalyse – erläutert anhand von Beispielen und Methoden. https://www.tableau.com/de-de/learn/articles/root-cause-analysis. Zugegriffen am 10.12.2022

Technical Research and Analysis Center (1995) Events and Casual Factor Analysis. https://iosh.com/media/2053/events-and-casual-factors-chiltern-january-2017.pdf. Zugegriffen am 22.12.2022

Vogel PUB (2020a) Qualitätskontrolle von Impfstoffen. Springer Spektrum: Wiesbaden; https://doi.org/10.1007/978-3-658-31.865-9

Vogel PUB (2020b) Validierung bioanalytischer Methoden. Springer Spektrum: Wiesbaden; https://doi.org/10.1007/978-3-658-31.952-6

Vogel PUB (2020c) Trending in der pharmazeutischen Industrie. Springer Spektrum: Wiesbaden; https://doi.org/10.1007/978-3-658-32.207-6

Vogel PUB (2021) GMP-Risikoanalysen. Springer Spektrum: Wiesbaden; https://doi.org/10.1007/978-3-658-35208-0

Waldron K (2018) Quality risk management 101: a brief history of risk management in the regulation of medicinal products. https://www.pharmaceuticalonline.com/doc/quality-risk-management-a-brief-history-of-risk-management-in-the-regulation-of-medicinal-products-0001. Zugegriffen am: 28.03.2022

WHO (2021) Annex 2: WHO guidelines on quality risk management. Technical report series 891. https://cdn.who.int/media/docs/default-source/medicines/norms-and-standards/guidelines/production/trs981-annex2-who-quality-risk-management.pdf?sfvrsn=2fa44bc4_2&download=true für Qualitätsrisikomanagement. Zugegriffen am 27.11.2022

ZLG (2017) Bewertung von Abweichungen, Fehlern und Mängeln bei Inspektionen. https://www.zlg.de/index.php?eID=dumpFile&t=f&f=2616&token=6788d9f6677dc315eca8cb47710e4d0967f141e6. Zugegriffen am 15.04.2022

Printed in the United States
by Baker & Taylor Publisher Services